水ハンドブック
─循環型社会の水をデザインする─

谷口孚幸

目次

はじめに……2

序 健全な水の循環……4

1. 水と私たちの生活——8
   - 人間に必要な水……8
   - 水の機能と水質……10
   - 水使用形態の区分と使用水量……18

2. 世界の水資源——24
   - 世界の水資源と水問題……24
   - 世界の水資源危機の実例……25
   - 国際河川をめぐる問題……31
   - 将来的な水資源問題……35
   - 世界の水問題への取り組み……38

3. わが国の水資源と水環境問題——41
   - わが国の水資源……41
   - 地域別水資源と生活用水使用量……43
   - 大都市部の水需要例……45
   - 水環境問題の現状……46
   - 水環境問題発生の原因分析……51

4. 水資源の新たな開発と保全——56
   - 節水……56
   - 排水再利用……59
   - 雨水利用……61
   - 海水・汽水の淡水化、その他……64
   - 水源の保全と健全な水循環の回復……66

おわりに……70

参考・引用文献

はじめに

　われわれの住む地球の人口は、2050年には約90億人になると推定され、その人口維持のためには、食糧の増産、水需要の増大、そして膨大な排水をもたらすことが容易に想像できます。したがって、人口の増大はさまざまな地球規模の環境問題を発生させると危惧されていますが、すでに地球上の各地ではその兆候が見られます。

　中でも、水資源の危機は顕著です。第二次世界大戦後の都市化、工業化にともなって河川や湖沼・湾岸の水質汚染が世界的に発生したこと、人口の急増に水の供給が追いつかないことなどにより、各地に深刻な水不足を発生させたのです。さらに、近年世界各地に著しい被害を与えている地球温暖化現象による異常気象の影響も無視できません。

　前世界銀行副総裁のイスマエル・セラゲルディン、は「21世紀は、水資源の獲得問題が原因となる戦争が発生する可能性が高い」と1995年に発言しましたが、それが現実の問題になっています。地球上の約300の国際河川では、上流と下流および両岸の国々や地域間で紛争が生じています。問題の解決のためには、まず発生している事象とその要因の基本的な理解が必要と考えます。

　本書では、序として健全な水循環のあり方を示し、第1章では水と私たちの生活として、人間に必要な水、水の機能と水

質、水使用形態の区分と使用水量など基本的な考え方とデータを示しました。

次に第2章では世界の水資源に関連して、世界の水資源と水問題、世界的な水資源危機の実例、国際河川をめぐる問題を示し、将来的な水資源問題の国際的取り組みについて解説しました。

第3章ではわが国の水資源と水環境問題を取り上げ、わが国の水資源と使用量、地域別水資源と生活使用量、水環境問題の現状と原因分析を行いました。

第4章では従来型の水資源開発には限界が見えていることから、循環型社会を目指した現在行われつつある新たな水資源開発と保全の動向を紹介しました。

健全な水の循環

森と水の循環

　健全な水の循環は、人間に豊かな自然の恵みを与えてくれます。その豊かさを願い、例えば、宮城県気仙沼の漁師さんたちは、「森は海の恋人」というキャッチフレーズをもとに毎年山へ植林をしています。人間が十分に手を入れ管理した森は、ミネラル成分などをたっぷり含んだ地下水を湧出させ、地中をめぐったその水は河川に流れ、やがて海洋に注ぎます。海洋では、山から運ばれてきた栄養分に富んだ海水によって育まれた魚介類や海藻が繁殖し、豊饒の海になります。また、日本各地の漁村には、「春には海に入るな、山へ行け」という言い伝えがあります。これも植物の芽が吹く春には山に分け入り森に手を入れたり、植林をして豊かな森を育てる準備をしなさい。そうすれば森林が地下水を涵養し洪水を防ぎ、土地を守り、海からたくさんの幸が得られる、と教えています。

健全な水環境の再生 [1]

　このように古来より森林を保全し、水田をつくり水稲栽培を行って暮らしてきた日本人は、比較的健全な水循環を保ち

続けていました。

　この健全な水循環が断ち切られたのは、わが国の1世紀余の近代化の歴史、さらには第二次世界大戦後の、とりわけ1650年代から始まる高度経済成長期における急速な都市化、工業化によるところが大です。その結果、河川、湖沼、港湾、海洋が著しく汚染され、水環境が不健全になってしまいました。一例をあげると、世界でも稀なわが国の急激な都市化は、水路の暗渠化と道路の舗装により雨水の地下への浸透を減少させ、新型の都市型水害を大都市に発生させました。さらに工業化は、地下水の過剰揚水により地下水位を低下させ、東京、大阪をはじめとする多くの臨海都市に、いわゆる「ゼロメートル地帯」という地盤沈下地帯を誕生させてしまいました。

　新型の都市型水害はまた、自然の洪水調整機能を有していた水田を宅地化したことによっても起こりました。水田は、古来より水循環保全の役割を担っていたのです。そしてまた、水田の宅地化による水環境の変化は、大都市部で渇水被害を増大させ、建物から排出されるクーラーの排熱や自動車の排ガスとあいまって大都市部の気温が周辺部よりも高くなるヒートアイランド化をもたらし、水循環のみならず動植物の生態系をも悪化させています。

　それでは、健全な水循環を回復し水環境を再生するにはどうすべきなのでしょうか。水循環を再生するには、まず流域の視点に立つことが必要です。すなわち、上流域の森林、中下流域の農地、河口周辺と沿岸域を含む流域の土地利用の変化に注目すると同時に、かつて軽視されていた里山、湿地の持つ生態系の価値を考慮することで水環境の変化を理解する

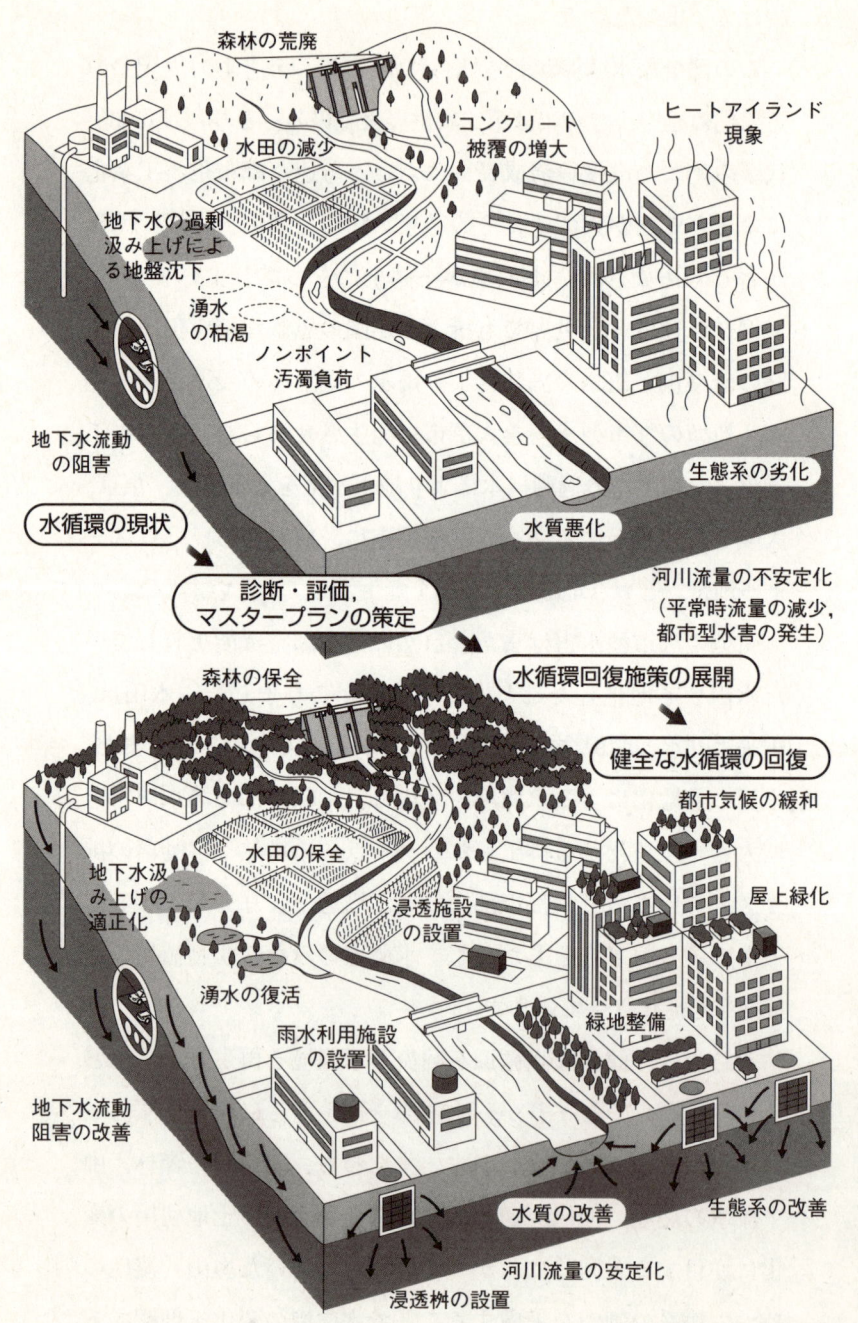

図1 水循環の現状と施策展開後の対比のイメージ図
出典：環境庁水質保全局資料 (1997) より作成

ことがたいせつです。
　そして水環境を再生するためには、雨水利用に注目し、地下水の涵養、枯渇した河川流域の復活、現行上下水道システムの再構築が必要となります。そして、その際使用される新たな技術やシステムには、自然との共生を目指し、循環型社会に寄与するものが期待されます。
　図1に、参考まで水循環の現状と施策展開後の対比イメージを示しました。

水と私たちの生活

人間に必要な水

人体の水分構成 [2]

人体を構成する成分のうち水の占める割合が最も多く、人体の50～60％前後を占めています。成人男子で50～65％、成人女子で45～55％程度、幼児で55～70％程度です。成人男女、幼児の人体における水分の比率の違いは、脂肪量の差によるものです。

人体における水の働き [2]

人体における水分には、三つの役割があります。

1. 溶媒としての役割

消化管内で消化された栄養素はブドウ糖やアミノ酸などになり水とともに吸収されます。人体からの排泄は、呼吸時の呼気に含まれる二酸化炭素（CO_2）以外はほとんど水が溶媒となり便や尿、汗などのように水溶液の形で排泄されます。また、人間の体内は水が溶媒となり、五大栄養素の一つ無機塩類を適量溶解させることによりペーハー（pH）や浸透圧は恒常状態を保っています。

2. 運搬をする役割

血液内および各組織、細胞内の水は体内を循環し、体内に

必要な栄養素や酸素の運搬を行うほか、排泄物を運搬し、除去する働きをしています。

3. 体温を調節する役割

人体において発汗作用は、水1g当たり539calという蒸発熱を利用した放熱で、体温調整の有効な手段であり、常に36.5℃前後の体温を維持しています。

人体の水収支と水の必要量[2]

人体は、水の摂取と排出によりバランスを取っています。摂取量は、飲用によるもの1000〜1500ミリリットル、食物によるもの700〜1000ミリリットル、燃焼水（食物が消化・吸収され、さらに酸化燃焼するのにともなって発生する水）によるもの300ミリリットル、合計2000〜2500ミリリットル。

一方排出量は、尿によるもの1200〜1500ミリリットル、糞便によるもの100ミリリットル、肺呼吸によるもの（不感蒸泄）300〜400ミリリットル、皮膚呼吸によるもの（不感蒸泄）400〜600ミリリットル、計2000〜2500ミリリットルとなっています。

人は、体重1kg当たり約40ミリリットルの水が必要ですが、単位重量当たりの必要水量はラクダの38ミリリットルとそれほど変わらず、動物の中では少ないほうです。また生命維持のための最低必要水量は、一般には1.3リットル〜1.5リットル程度と言われています。

家庭用水と基礎的生活用水量[3]

家庭用水は核家族化が進み、世帯人口が減ってくると一人

当たりの水使用量が増大する傾向にあります。東京都の調査例（1977年度）によれば、

  1人 263.2リットル／日・人
  2人 227.2リットル／日・人
  3人 210.4リットル／日・人
  4人 185.0リットル／日・人
  5人 163.5リットル／日・人
  6人 160.7リットル／日・人
  7人 149.0リットル／日・人

ですが、東京都では基礎生活水量と称し、節水の目標とする数値を設定しています。

それによれば、炊事12リットル、洗濯21リットル、洗面・手洗い5リットル、風呂（シャワー）20リットル、水洗トイレ20リットル、掃除・その他7リットル、合計85リットル／日・人です。この数字は、日本で水道が発祥した折の50～60リットル／日・人を原単位にとった目標ですが、まさに原点を振り返る数値となっています。

水の機能と水質

水の機能

私たちが生活していくために必要な生活用水、工業用水、農業用水は、その用途によってそれぞれ要求される水質レベ

ルが定まっています。例えば、生活用水の飲用、調理用、洗面・手洗い用には上級水、入浴用、洗濯用、清掃用、プール用には中級水、そして水洗トイレ用、洗車用、散水用、噴水等の景観用、防火用、その他には低級水を用いてすますことができます。全ての用途に上質な上水を用いることは、今日では許容されなくなっているのです。そして水の持つ7つの機能、すなわち、①人間や生物の構成体 ②熱容量 ③比重差 ④溶解力・希釈力 ⑤掃流力 ⑥生活活動の場 ⑦景観 のいずれかが、上記の用途を担っています。

水質指標[4]

1. 水質の単位

水質指標の単位には、

ppm（100万分の1　parts per million）

ppb（10億分の1　parts per billion）

ppt（1兆分の1　parts per trillion）

のようなものが使われています。

ppm、ppb、pptは、比率をもって表します。水質の分野ではppmやppbが比較的多く使用されてきました。最近では内分泌撹乱物質（環境ホルモン）やダイオキシン類の測定値などに、pptも使用されるようになりました。

以下、参考までに主な水質指標を概説します。

2. 懸濁物質（SS：Suspended Solid）

SSは、口径が0.5〜1μm（1マイクロメートル。1メートルの100万分の1）のフィルターを通過しない成分とされ、フィルターにはガラス繊維ろ紙が多く使用されます。

3. 有機物汚濁指標

イ）生物化学的酸素要求量（BOD：Biochemical Oxygen Demand）

　BODは、有機物汚濁を表す水質指標の代表的な一つで、河川の環境基準や、下水処理場の放流水の水質基準などに広く用いられています。BODは、試料水中に存在する有機物質が、酸化分解されるときに消費される溶存酸素量（DO：水に溶けている酸素の量）をもって表します。

ロ）化学的酸素要求量（COD：Chemical Oxygen Demand）

　CODは、海洋や湖沼の水質評価で用いられます。CODは、酸化剤によって試料水を科学的に加熱分解し、このときに消費される酸化剤の量を、酸素量に換算したものです。

ハ）全有機炭素（TOC：Total Organic Carbon）

　TOCは、有機物には必ず含まれる炭素を定量する指標です。測定では、主に燃焼－赤外線分析法が用いられ、有機物が燃焼したときに生じる二酸化炭素を定量することにより求められます。

4. 富栄養化関連指標

イ）窒素（N）

　水中の窒素は、さまざまな形態で存在しています。全窒素は、有機態窒素と無機態窒素に分かれます。有機態窒素はイオンとして水中に溶存しており、特定の発色試薬と反応して色がつく性質を利用し、比色法による定量が一般的です。

　一方、無機態窒素の測定は、試料をクルダール分解し、有機物中に含まれる窒素をアンモニアにして定量します。富栄養化（16ページ参照）の起こる濃度はリン濃度とも関係し0.15mg／リットルを超えた場合です。

ロ）リン（P）

　水中のリンは、溶存リンと懸濁リンに分けられます。各々3種、5種の形態に分けられ、それぞれを区別して測定することは大変ですので、水質分析ではリン化合物の性質別で定量されています。富栄養化は0.02mg／リットルを超えた場合に生じます。

ハ）クロロフィルa

　クロロフィルは、植物中の葉緑体に存在する緑色の色素分子であり、富栄養化による植物プランクトン量の指標となります。

　クロロフィルにはa、b、c、dの4種類があり、クロロフィルaは、光合成におけるエネルギー伝達には必ず必要なので、通常はクロロフィルaのみが測定対象となっています。

ニ）AGP（algal growth potential）

　AGPとは、試料水の持つ藻類生産の潜在力を測定するものです。自然水域では、貧栄養湖で1mg／リットル以下、中栄養湖で1〜10mg／リットル、富栄養湖で5〜50mg／リットル、汚濁河川で50〜100mg／リットルとされています。

5. 糞便汚染指標（大腸菌群数）

　大腸菌群数は、糞便汚染指標として広く用いられており、BODとともに下水処理場の放流水の水質基準などにも用いられています。

　食べ物や飲料水によって感染症の原因となる病原性微生物は、コレラ菌、赤痢菌、サルモネラ菌、病原性大腸菌などがあり、糞便とともに排出され感染します。これらの多くの病原性微生物は、常時、測定・監視することは現実的ではない

ため、大腸菌群数が糞便性の汚染を判断する指標として用いられています。

　大腸菌のうち病原性のあるものは1割程度で、大腸菌、あるいは大腸菌群そのものがすべて病原性を持つわけではありません。測定は、試料水と培地の混合物を35～37℃で18～20時間培養し、培地に形成した赤～深紅色の定形的集落（コロニー）を数えて行われます。

6. 生物学的水質判定指標

　以上紹介した水質指標の多くは、特定の物質量を定量するものですが、対象としている水域の環境の一側面を評価しているに過ぎないとも言えます。

　総合的な指標としては、水域に生息する生物の種類と個体数に着目する方法があります。これは、水域に生息する生物には清澄な環境を好む種類と、混濁した環境を好むものがあるので、生物の種類と個体数が水環境を総合的に表す、とした考えに基づいています（**表1**）。

おいしい水の条件

　1984年に「おいしい水研究会」が当時の厚生省（現厚生労働省）の肝入りで作られ、『おいしい水の水質要件と水質基準』という報告書を出しています。そこで言われているものは、

- 蒸発残留物　　　　　　　30～200mg／リットル
- 硬度　　　　　　　　　　10～100mg／リットル
- 遊離炭酸　　　　　　　　3～30mg／リットル
- 過マンガン酸カリウム（酸化剤）消費量　3mg／リットル以下

表1　生物学的水質階級と主な優占種

生物学的水質階級	汚濁指数	優　占　種
貧腐水性	1	ヒゲナガカワトビケラ・ウルマーシマトビケラ・イノプスヤマトビケラ・ヒラタカゲロウ属の各種・マダラカゲロウ属（アカマダラカゲロウを除く）・カミムラカワゲラ・トウゴウカワゲラ・ブユなど
β中腐水性	2	モンカゲロウ・アミメカゲロウ・キイロカワカゲロウ・シロタニガワカゲロウ・アカマダラカゲロウ・スジエビ・カワニナなど
α中腐水性	3	コガタシマトビケラ・ミズムシ・フジツボ・ヤマトシジミ・アサリ・ヒメタニシ・マガキ・モノアラガイ・ゴカイなど
強腐水性	4	イトミミズ・ユスリカなど

（森下依理子：底生動物を指標とする生物学的水質判定法〔玉井信行、水野信彦、中村俊六編：河川生態環境工学、東京大学出版会、1993、所収〕を一部改変）
出典：武田育郎『水と水質環境の基礎知識』P58ページより引用

・臭気度　　　　　　　　　3以下

・残留塩素　　　　　　　　0.4mg／リットル以下

・水温　　　　　　　　　　20℃以下

でした。

小林勇の『恐るべき水汚染』[5]によれば、

① 蒸発残留物は、ミネラル、マグネシウム、ナトリウム、カリウムの合計が100mg／リットルぐらいがよい

② 硬度は、炭酸カルシウムと炭酸マグネシウムの合計が50mg／リットルぐらいがよい。マグネシウムが多くなると苦味が出てくる

③ 遊離炭酸は、炭酸イオンが3～30mg／リットルぐらいがよい

④ 臭気度は、酸素がなくなると硫化水素や鉄分のいやな

においがするので、5mg／リットル以上がよい
⑤　水温は、10〜15℃が飲みごろ

次に、水をまずくする成分としては、①〜⑥があげられていて、各々
①　有機物汚染　過マンガン酸カリウム消費量　3mg／リットル以上
②　異臭　臭気度3以上
③　カビ臭がある
④　硫化水素　含まれる
⑤　残留塩素　0.4mg／リットル以上
⑥　その他　塩分・金属イオンなどが含まれる
と言われています。

水質汚濁の種類[4]

水質汚濁は分類すると、7つに分かれます。

1.　有機物汚濁
　水域の有機物汚濁は、動植物の遺骸や人間活動から排出される食物の残渣、あるいは排泄物によって起こる最も基本的な水質汚濁の一つです。
2.　富栄養化
　水域の富栄養化は、肥料や生活排水から流れ出る窒素、リンの過剰な蓄積によって起こります。水域が富栄養化するとアオコや赤潮が異常発生し、海水中の酸素が失われるので水産業へ被害を及ぼします。また、浄水場ではろ過障害を起こしやすく、異臭味、ある種の植物プランクトンが放出する悪

臭や毒素などによって良好な水資源が失われ、問題になっています。

3. 有機物質による汚染

重金属、農薬（DDTなど）、有機塩素系化合物（PCBなど）、内分泌撹乱物質（環境ホルモン）などによる汚染

4. 微生物による汚染

サルモネラ菌、クリプトスポリジウム（寄生性原虫）、病原性大腸菌O-157などによる汚染

5. 油汚染

船舶の廃油や海難事故、あるいは戦争による重油流出による汚染

6. 熱汚染

発電所や事業所などからの温熱排水により、その周辺の生態系が崩れる

7. 自然汚濁

温泉・鉱泉からの酸性水の流入、海に面した沿岸地域の地下水の塩水化など

「水質汚濁」と「水質汚染」の明確な区別はありませんが、概して原因物質が生物の生存を直接的に脅かす可能性のある物質である場合には「汚染」を、有機物や窒素、リンなどのように、本来は生物の生存に必要な物質であるものについては、「汚濁」を用いる場合が多いと言われます。

水使用形態の区分と使用水量

水使用形態の区分

　私たちが文化的生活を維持していくために必要な水は、その使用形態から①都市用水、②農業用水に大別され、①は生活用水と工業用水に区分されます。さらに生活用水は、飲料水、調理、洗濯、風呂、掃除、水洗トイレ、散水などの家庭用水と都市・地域活動用水に分かれます。都市・地域活動用水は、営業用水、事業所用水、噴水、公衆トイレなどの公共用水、消火用水から構成されています。**表2**参照。

生活用水と都市・地域活動用水の内訳 [6]

　各建物用途の水使用の内訳について、事務所建物とホテルならびに住宅団地を例にしてその概要を示します。

表2　水の使用形態区分

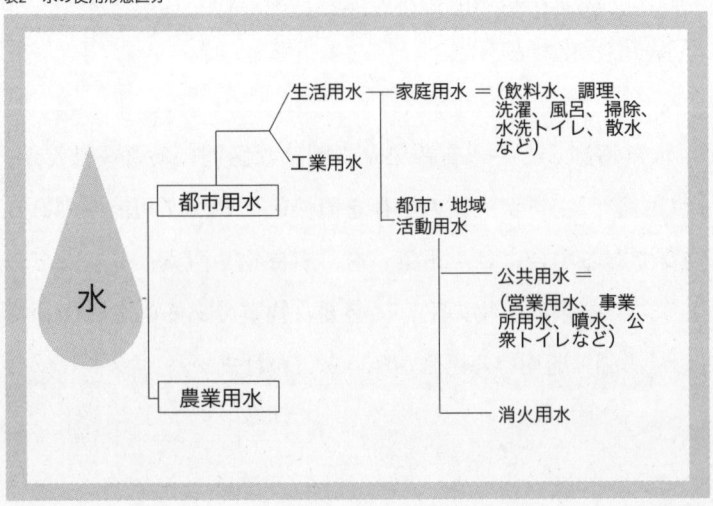

```
           ┌─ 生活用水 ┬─ 家庭用水 ＝（飲料水、調理、
           │           │              洗濯、風呂、掃除、
           │           │              水洗トイレ、散水
           │           │              など）
           │           └─ 工業用水
水 ───┬─ 都市用水
      │           ┌─ 都市・地域
      │           │  活動用水
      │           │           ┌─ 公共用水 ＝
      │           │           │  （営業用水、事業
      │           │           │   所用水、噴水、公
      │           │           │   衆トイレなど）
      │           │           └─ 消火用水
      └─ 農業用水
```

1. 事務所建物の用途別水使用

　まず事務所建物の用途別水使用の比率は、以下の通りです。

　従業員のトイレ・給湯室にて用いられる衛生器具洗浄用水、洗顔・手洗い用水、給茶およびその容器の洗浄用水が、全体の30～60％を占め、次いで社員食堂厨房用水、冷却塔補給水、パッケージ空調機用水、掃除用水が各々10～15％程度となっています。

　近年、都心部に数多く建設されている事務所を主体とした複合用途建物では、地下階、上層階に設けられる各種飲食店、理容・理髪店、診療所、展望台、ビヤガーデン等によって消費される比率が、全体の10～30％に及ぶものも見られます。

2. ホテルの用途別水使用

　次に、ホテルの水使用構成率は、一般的なシティホテルでは、パブリック系統の宴会場用厨房使用水・トイレ洗浄用水とプライベート系統の客室使用水、すなわち風呂・トイレ洗浄用水に比率が大部分を占めます。とくに近年建設されている都心部のシティホテルは、営業内容の多様化を図り収益性の追求を行うようになり、夏季のビヤガーデン、プールの開設に留まらず、アスレチッククラブを設置して、プール、サウナ風呂、スカッシュコート、ランニング場、トレーニング場、シャワールーム等を備え年間を通じて一層多量の水消費を行う要素が増しており、水使用構造は量的・質的両面において変化しています。

3. 大都市中心部と衛星都市部の住宅団地の用途別水使用

　一方、高度経済成長期を通じて大都市中心部（CBD：Central Business District）の周縁部や郊外のベッドタウンたる衛星都市

部において大量の住宅団地が建設されました。近年では、都心部の公害防止ならびに複合的都市環境問題の解決策として工場の地方移転がなされ、その跡地利用の一方策として大型住宅団地開発や市街地再開発にともなう高層住宅団地の開発によって、その水消費量は膨大なものとなっています。

　その内訳は、洗濯用水、トイレ洗浄用水、風呂用水、飲用・調理用水、洗面・手洗い用、その他散水・洗車用水から成り、その平均比率は各々17.5％、25％、20％、17.5％、10.5％、9.5％とされています。量的には、収入の増加にともなう自動食器洗い機の増加や自家用車保有率の増大にともなう用水の増加があり、収入とそれにともなう設備内容の差により一人一日当たりの使用水量は170～250リットル／人・日の幅があります。

　使用水量の平均的な値は200リットル／人・日程度とされていましたが、第一次石油ショックを契機として市民の水使用観念に若干の変化が生じるようになりました。例えば、電気洗濯機の買い替え時における節水型の電気洗濯機の積極的な購入や、バケツ洗いによる洗車方式の浸透等が見られるようになったのです。一方で上下水道料金の上昇の影響もあり、今日では一人一日当たりの消費水量の上昇傾向は止まり、横ばいとなっています。また最近の一般家庭の水使用量のデータを調べてみると洗濯用水が減り、トイレ洗浄用水、風呂用水の比率が増加しているのがわかります。

4.　複合建物群の用途別水使用

　用途別水使用の例を示しましたが、建物が複合している建物群としての水使用について調べてみましょう。1970年ごろ発

表された東京都の中で水使用の多い建物のランキングによれば、第1位がサッポロビール恵比寿工場、第2位は東京大学本郷キャンパスでした。その後恵比寿のビール工場は千葉県船橋市に移転し、その跡地は恵比寿ガーデンプレイスとして都市再開発され、ホテル・高層集合住宅・ショッピングセンター・オフィス・飲食店などからなる複合機能都市に変身しました。東京大学本郷キャンパスの水使用の大半は、工学部における実験用の水です。

　機能の複合した建物群の水需要の予測は、個別建物の水使用の原単位を用いて行います。例えば、

- オフィス……………………………10リットル／m^2・日
- ホテル（シティホテル）……1000～2000リットル／室・日
- ホテル（ビジネスホテル）…250リットル／室・日
- 住宅……………………………200～250リットル／人・日

という原単位を用います。

　上記のように、原単位は建物の持つ機能によっても大きく異なってきます。ホテルを例にあげると、宿泊機能のほかに、宴会施設やプール・サウナ・トレーニングジムを含むアスレチッククラブが付属したシティホテルと宿泊機能のみのビジネスホテルでは4～8倍も差があります。

工業用水 [18]

　工業用の水需要が高度経済成長期に急激に増加したのは、単に工業の生産高が伸びたからではなく、工業の内容が重化学工業化したためです。重化学工業は主として用水型であって、とくに冷却用の工業用水を大量に使用するプロセスから

成っているからです。例えば鉄鋼1トンを生産するのに使われる水量は、その100倍の100トン。石油化学はさらに一桁増えて1010トン、アセテートに至っては、3160トンもの水を使います。工業用水は昭和40年に122億トンだった需要が45年には172億トンに急増しました。ところが50年に入ると、その伸びは173億トンと鈍化しました。これは、石油ショック後の景気の後退で水の需要が落ちてきたこともさることながら、水の回収・再利用を進めるプロセスを改造した努力が実ったことも大きく作用しています。このころの工業用水の回収率は64％程度でしたが、1996年現在では76.9％まで向上し、その分工業用水の需要は138億トンに減じています。

先端技術用の産業用水[7]

　先端技術産業の急成長で、工業用水は今後増加傾向に向かうと言われていますが、この使用水量は工業用水全体の動向を左右するほど大きなものではありません。先端技術産業とは、IC産業、ファインケミカルズ（医薬品、染料、香料などの精密化学製品）産業、ファインセラミック（電子部品、精密機械・医療技術などに用いられるセラミックス）産業などを意味しますが、いずれも非用水型工業です。IC産業が半導体ウエハー（基板）の洗浄に高純度の水を必要とするために、水をたくさん使用すると思われがちですが、一工場で多いところでも数千㎥／日の規模です。新しいIC工場は洗浄水の一部循環利用を進めており、むしろ使用量は小さくなっています。

　先端技術産業関係の業種別使用水量を知るために、下記の事業所計4762事業所を調べてみると以下のようになります

(1988年)。すなわち、ファインケミカルズ産業（534事業所）、新素材産業（44事業所）、光産業（604事業所）、コンピュータ産業（682事業所）、メディカルエレクトロニクス機器産業（217事業所）、IC産業（2622事業所）、産業用ロボット製造業（59事業所）の全使用水量は一日当たり161万㎥／日であり、工業用水全体に対しても5％の比率しかありません。これらのことから、先端技術産業の動向は、工業用水の需要増加を引き起こすものではないと言えます。

食糧生産用水 [17]

主要食糧の生産に要する水量を示すと、以下のようになります。

- 牛 ……………………………… 4000㎥／1頭
- 羊および山羊 ………………… 500㎥／1頭
- 生鮮牛肉 ……………………… 15㎥／kg
- 生鮮羊肉 ……………………… 10㎥／kg
- 生鮮家禽肉 …………………… 6㎥／kg
- 穀物 …………………………… 1.5㎥／kg
- かんきつ類 …………………… 1㎥／kg
- 豆類、根菜類および塊茎類（かいけい）… 1㎥／kg

であり、家畜は単位当たりの水消費が非常に多くなっています。

世界の水資源

世界の水資源と水問題[8]

　地球上に水は約14億km³が存在します。そのうち97.5％は海水。残る2.5％が淡水で、淡水の中でも利用可能な水は0.01％の10万km³に過ぎないのです。しかも世界的に地域に偏りがあることや、潜在的に水資源が豊かな地域でも水管理の悪さにより十分に活用ができていないところが多く（**図2**）、それに加えて将来の人口増加による水需要の増大と地球温暖化による水環境の変化は、世界的な規模での深刻な水不足の問題を予想させています。**図3**（26ページ参照）は世界の取水と水消費のトレンドを示します。

　60億人を突破した世界人口は、2050年には約90億人*に達すると予測され、水不足や洪水などによって被害が増大する地域が続出することが予想されます。すでに水をめぐる国際紛争を引き起こしている地域もあり、小さな争いまで含めると一日に100件もの紛争が生じています。ただし、戦争に至ったものはわずかです。[16]

　地球温暖化による気象の変化は、水の循環に変動をもたら

＊註：国連の『世界人口予測』（02年版）では、2050年の人口予測が93億人から89億人に下方修正された。多くの途上国では出生率が低下することが予測される上に、エイズによる死者数が従来の予測以上に増えそうなためである。

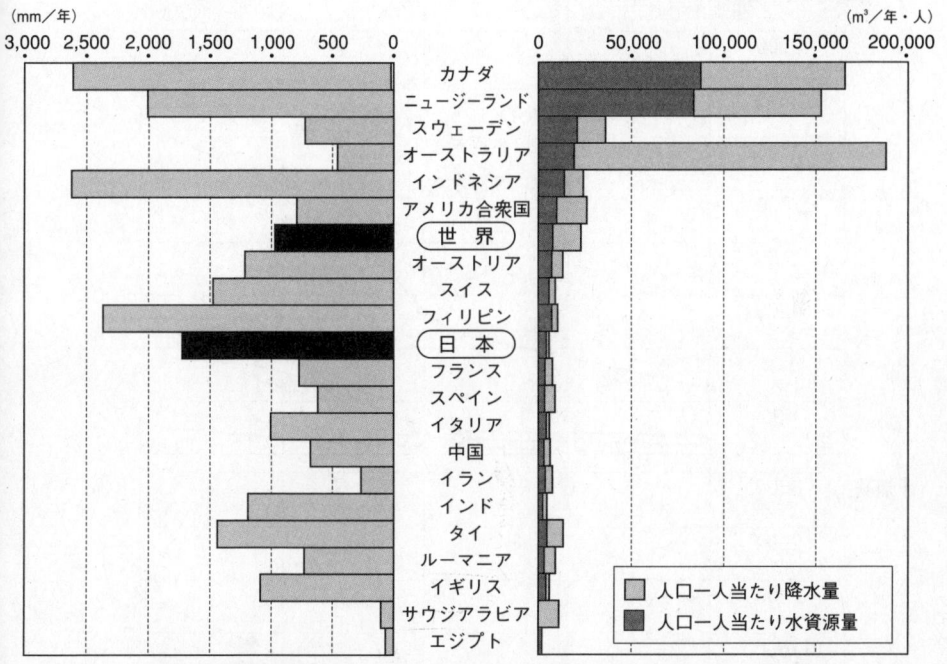

図2 世界各国の降水量等

1. 日本の降水量は1966年〜1995年の平均値である。世界および各国の降水量は1977年開催の国連水会議における資料による。
2. 日本の人口については国勢調査（2000年）による。世界の人口についてはUnited Nations World Population Prospects,The 1998 Revisionにおける2000年推計値。
3. 日本の水資源量は水資源最大限利用可能水量（賦存量）（4217億㎥／年）を用いた。世界および各国はWorld Resources 2000-2001（World Resources Institute）の水資源量（Annual Internal Renewable Water Resources）による。

しています。雨の降り方に影響を与え地域的な水分布が変化したり、降雨量や強さにも関与して洪水や渇水を頻発させ、被害を増大させるほか、地下水などの淡水資源の塩水化を懸念させています（**図4**・27ページ参照）

世界の水資源危機の実例

　水資源の危機は、人口の増加、農業・工業の発展にともなう取水量の増大によるもの、森林伐採による地下水涵養量の

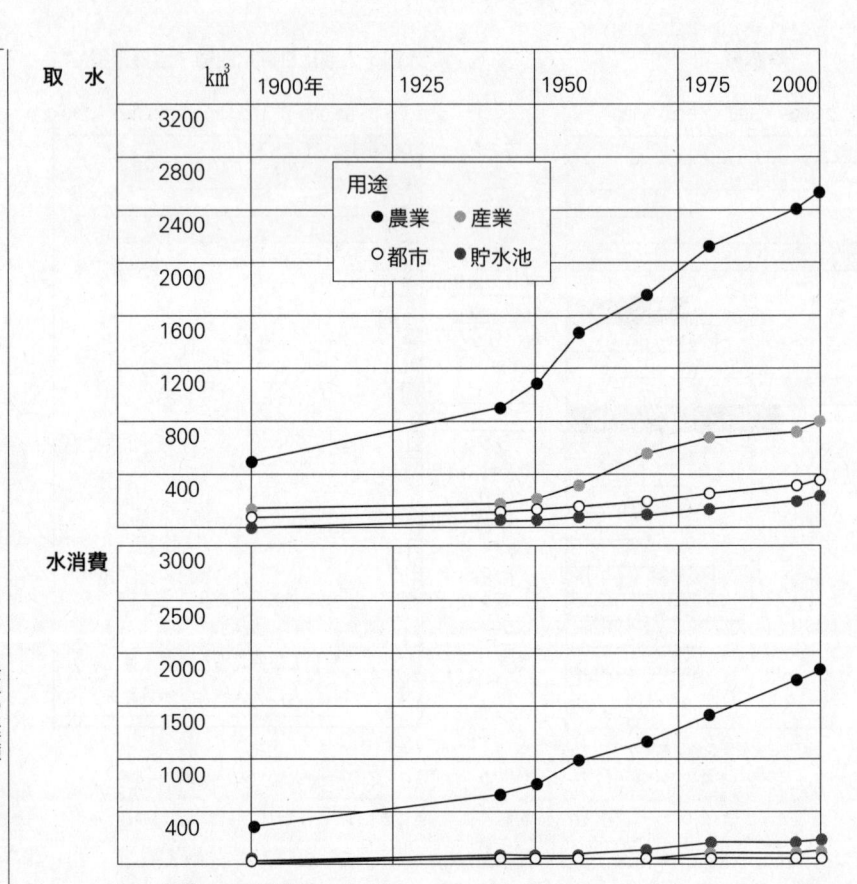

図3 世界の取水・水消費トレンド
出典：ロシア国立水文学研究所のデータによる（Shiklomanov 1999）

減少、滞水層からの大量取水、地球温暖化による気候の変動——降雨量の変化など「量的」なものと、農業・工業の生産活動にともなう農薬・有害物質を含む排水や廃棄物の河川・湖沼への排出など水源汚染による「質的」なものに大別されます。現実の水資源危機は、両者が混在しています。実例を以下に紹介します。

黄河

1972年に河床の干上がりが発生し、15日間の断水を生じまし

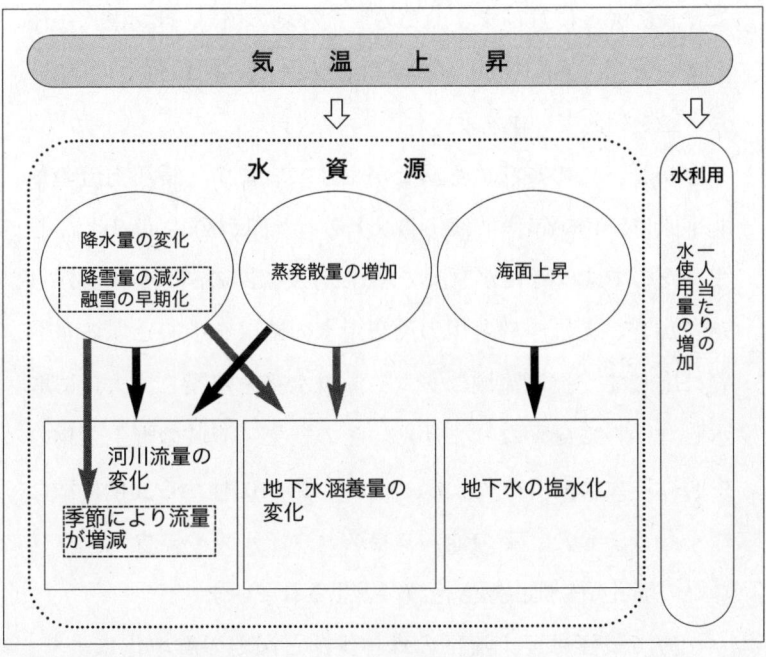

```
┌─────────────────────────────────────────────────────────┐
│            ╭─────────────────────────╮                  │
│            │    気　温　上　昇      │                  │
│            ╰─────────────────────────╯                  │
│                  ⇩            ⇩                         │
│   ┌ ─ ─ ─ ─ ─ ─ ─ ─ ─ ─ ─ ─ ─ ─ ─ ─ ─ ┐  ┌──────┐       │
│              水　資　源                    水利用        │
│     ╭──────╮    ╭──────╮    ╭──────╮                    │
│     │降水量│    │蒸発散量│   │海面上昇│   │一人当たりの│
│     │の変化│    │の増加 │   │        │   │水使用量の増加│
│     │┌────┐│    ╰──────╯    ╰──────╯                    │
│     ││降雪量││                                          │
│     ││の減少││                                          │
│     ││融雪の││                                          │
│     ││早期化││                                          │
│     │└────┘│                                            │
│     ╰──────╯                                            │
│        ↓  ↘  ↙  ↓          ↓                            │
│     ┌──────┐ ┌──────┐ ┌──────┐                          │
│     │河川流量│ │地下水涵養│ │地下水の│                  │
│     │の変化 │ │量の変化│ │塩水化 │                      │
│     │┌────┐│ ╰──────╯ ╰──────╯                          │
│     ││季節により││                                      │
│     ││流量が増減││                                      │
│     │└────┘│                                            │
│     ╰──────╯                                            │
│   └ ─ ─ ─ ─ ─ ─ ─ ─ ─ ─ ─ ─ ─ ─ ─ ─ ─ ┘  └──────┘       │
└─────────────────────────────────────────────────────────┘
```

図4　地球温暖化による水資源への影響（⬆は、⬆より影響力が強い）
出典：国土交通省資料より作成

た。82年までは断続的に、85年以降は毎年水が涸れ、渇水期も長くなりました。86年には133日間も水が涸れ、99年には旱魃で226日間も河の水が海に流出しませんでした。

　その要因は、異常気象による降雨量の減少、黄河上流一帯の砂漠化、流域都市の人口増や工業化による水需要の増加と、上・中流域での農業用水の過剰な取水が主なものです。さらに黄河は、河川に土砂が堆積して河床が周辺の土地よりも高い天井川であるため、一度河川から取水すると、その水が再度河川に戻りにくいという地理的条件が重なり、問題を深刻化させています。

長江 [9]

　長江はアジアで最も長い川の一つで、黄海へと注ぐ河口ま

で全長6300kmに及びます。この巨大な河の流域には4億人が住んでいます。人口密度は平均で200人／km²、河口付近では350人／km²を超えています。

しかし、この長江にも異変が生じています。長江上流の華北平原に、1950年代には1000以上あった湖が300に減少してしまったのです。なにが原因で700にも及ぶ湖の湖底が干上がったのかといえば、農業用の灌漑用水の確保を中心とする水需要に応じて、長江流域にダムや灌漑水路を建設し、大量に取水したからにほかなりません。その結果、流域の野生生物の生態に多大な被害を及ぼし、魚の種類は100種から30種に満たなくなりました。その他、ヨウスコウイルカやヨウスコウワニ等の哺乳類や爬虫類も絶滅が予想されています。

一方で長江は、上流部の森林伐採と湿地の農地化により、河川の流れはこれまでよりも激しくなりました。その結果、98年の夏には記録的な大雨が降り、下流域では河の水が氾濫して3000人以上もの死者が出ました。そのため中国政府は、長江の周期的な洪水を理由に、三峡ダムの建設を進めています。ダム建設により水没する流域住民100万人を移住させる超大型プロジェクトですが、水不足に悩む華北部に水を供給するというのが、政府がダム建設を進めているもう一つの理由です。

長江の水を黄河に運ぶプロジェクトも進められ、これは「南水北調」と呼ばれています。

アラル海 [11) 15)]

アラル海は、1960年頃の面積は6.8万km²（琵琶湖の約100倍の大きさ）で、世界第4の大きな湖でした。しかし、2000年現在、湖の面積は約4万km²弱となり、1960年頃53.4mあった平均水深が、

現在は15mと浅くなっています。

　92年に湖は南北2つに分断され、さらにその後南の大アラル海も東西に分かれ、3つに分かれたアラル海は現在、塩水湖化しています。

　1965年、旧ソ連政府は経済成長を狙って綿花栽培用に、アラル海に注ぐアムダリア川から取水するカラム運河を開通させました。その後、さらに生産高を上げようと3運河を開通させた結果、川の水はアラル海に届かなくなりました。また、その後気候が変化し、降水量が半分に減り、無霜期間が年間200日を切るようになったため、綿花の栽培から米の栽培に切り替えざるを得なくなり、より多くの水が必要となりました。その結果、アラル海からは年間5万トンもの漁獲量があり、6万人が従事していた漁業が失われた他、野生生物が消え、毛皮産業も崩壊してしまいました。

　その上アラル海には、農業用に使われていた殺虫剤DDTが大量に流出し、高濃度で蓄積しました。また過度な灌漑により、多くの農業地域では土壌に塩類が集積し作物が育ちにくくなりました。そして、アラル海沿岸を時折襲う砂じん嵐が、これらの有害物質を一緒に巻きあげ大気を汚染していることも問題となっています。砂じん嵐によって浮遊した有害物質が、住民の健康を蝕み、気管支炎や咽頭ガン、内臓疾患の患者が急増しているのです。かつて15万人の人口を抱えていた湖畔の大都市では、現在人口が3万人を割っています。

チャド湖[9]

　チャド湖は4か国にまたがり、南西には人口過密なナイジェリア（人口1億3000万人）、北西にはニジェール、北東にはチャ

ド、南岸にはカメルーンがあります。アフリカで4番目に大きい湖であったチャド湖は、1960年に2.5万km²だった湖の表面積が、2001年現在では2000km²と1／10以下に減少してしまいました。農業の灌漑用に集水域から大量の水が取水されたからです。とくに降雨量の少ない乾期には、湖に流れ込む水量は細々としたものになっています。水位が下がり続けたために水生生物の生息地が失われ、生態系にも深刻な打撃を与え、かつて湖で盛んに行われていた漁業は今や崩壊しつつあります。

灌漑目的の過剰取水により干上がった湖として、アラル海、チャド湖の例を示しましたが、これらの湖沼に類似したものは世界にはまだまだ数多く存在します。カザフスタンのバルハシ湖、中央アジアやイランの多くの湖、中国湖南省北部の洞庭湖などがその例としてあげられます。

ナイル川

全長約6万7000kmのナイル川上流に1970年に完成したアスワンハイダムにより、毎年氾濫時に上流部から流され下流部デルタ地帯に堆積していた養分を含むシルト（砂と粘土の中間的な砕屑物）が消失するようになり、それにともないナイルデルタのサーディン（かたくちいわし）漁が衰退しました。また、水流の流れの変化によってデルタの波が押し寄せる汀線（なぎさ）が1年に3mほども侵食されています。

アスワンハイダムの建設により、集中的な灌漑が可能となり耕地は増加しましたが、過度な灌漑により土壌の塩分濃度が着実に上昇しています。また、貯水池や灌漑水路に水が長く滞留することによって寄生虫が発生し、流域住民の間では

住血吸虫症が蔓延しています。また、ナイル川流域の農漁業の衰退にともなって首都カイロへ流入する人口は激しく、9か月ごとに100万人が増加していると報告されています。

旧ソ連の援助により建設されたアスワンハイダムは、環境への負のインパクトが計画当初の予測より大きかったことや、完成時における世界冷戦時代の政治的背景も手伝い他国のジャーナリストや環境保全運動家、生態学者などにダム建設による環境への悪影響を過剰に喧伝されました。しかし現実には、その中身をかなり割り引いて評価しなければならないと言われています。11)

水質汚染による湖沼、海洋の危機 9)

人口2500万人の重化学工業地帯をひかえるアメリカ中央北部ミシガン湖などの五大湖は、工業廃水、生活排水、農業排水の流入により水質の悪化が深刻化しています。五大湖と大西洋を結ぶセントローレンス水路を泳ぐシロイルカの脂肪組織からは、高濃度のPCBが検出されており、カナダの法律に照らせば、シロイルカは"有害物質"に判定されます。

世界各地で水路は排水や廃棄物を投棄され、国際連合食糧農業機関（FAO）によれば、毎年約4500億㎥もの未処理、または処理が不十分な排水が、河川や湖水、沿岸地域を汚染していると推定されています。

国際河川をめぐる問題

国際河川の定説 10)

国際河川とは、"二つ以上の国を貫流し、または複数国の国

境を形成する"河川です。

　国際河川を国際流域に発展させて、水資源の紛争解決の基礎となったのが「ヘルシンキ規則」(1966年)であり、地下水と地表水を同等に国際流域の構成要素としています。ヘルシンキ規則は、国際条約のように直接の拘束力はありませんが、紛争解決に有用な国際水法の原則としては最初のものです。そして、ヘルシンキ規則を実際に機能させるために、97年の国連総会で「国際河川の非航行的利用に関する条約」が採択され、運用面や環境面への配慮を加えて、国際流域の水資源に関する枠組みが規定されました。

上流の論理と下流の論理 [10]

　国際河川の上流国は、水資源の開発について下流国からの制約を全く受けることが無い、という基本的な考え方に基づいて国際河川の水資源開発を進めるのが"上流の論理"です。その典型的な例が、1960～80年代にかけてチグリス・ユーフラテス川の上流国トルコが、水源の大部分が自国内にあることを理由に下流国のシリアとイラクに対して、優先的な水資源開発の権利を主張し、一連の巨大ダムを建設しました。他には、インドがバングラデシュとの国境近くのガンジス川に建設したファラッカ堰がありますが、96年にインドとバングラデシュの二国間で調印した「ガンジス川条約」により、上流の論理に下流国の権利を付加する調停を行っています。

　このような"上流の論理"に対して、下流地域でも歴史的な経緯を有する水利権は守られるべきあるとする基本的な考え方に基づいた上流国の水資源開発を規制する"下流の論理"があり、1933年のモンテビデオ宣言と23年の水力開発に関する

ジュネーブ一般条約に示されています。

"下流の論理"の典型がナイル川の例で、下流国のエジプトが歴史的にナイルの水を利用しているとして、上流国の中でもスーダンとエチオピアなどの新規水資源開発に対して、国際法上の大きな制約要因を与えています。

国際河川をめぐる紛争

国際河川が存在しない日本では、河川をめぐる国際紛争には無関心でいられますが、世界には1999年現在、国際河川は261あり、アフリカ、ヨーロッパ、アジアに多く存在します。その流域面積は、陸地の45％を占めており、紛争は水の取水、水質管理、洪水等をめぐって上流と下流の国家間で、また国際河川の左右両岸の国家間で生じています。

イ）ヨルダン川をめぐるアラブ・イスラエル紛争

1967年の第3次中東戦争では、イスラエル軍はイスラエル農業に障害となっていたヨルダン川支流やルムク川のダムを破壊し、戦争に入りました。

ロ）チグリス・ユーフラテス川

チグリス川はトルコに水源をもち、シリアとの国境を流れイラクに入り、同じくトルコに源流を持つユーフラテス川と合流しペルシャ湾に流入します。上流のトルコには1992年に完成したアタチュルク・ダム（総貯水量487億㎥）があり、下流のシリアではダム建設による農業への影響や、イラクではメソポタミア地域の湿地帯が大幅に減少するなどの問題が生じています。

ハ）ガンジス川

ガンジス川を国際河川にもつインドとバングラデシュ両国

間では、上流のインドが下流のバングラデシュに対して最低限の水量を保証する時限協定を結んでいましたが、1988年に失効し、それ以来両国間は水をめぐりこう着状態にあります。

二）コロラド川 [10]

　19世紀初頭、全長2250km、流域面積58万3000km²、アメリカ第4位の河川であるコロラド川の上流域の河川水の塩類濃度（TDS）は50ppmであり、下流域のメキシコ国境地点では400ppmでした。1944年国際河川水利配分協定により、アメリカはメキシコに対して年間18.5億m³の水量を保障しました。その後、アメリカは20以上の大ダム群をコロラド川に建設して大規模な畑地灌漑プロジェクトを急速に進めました。その結果、60年代にメキシコ国境地点でのTDSは1200ppmまで上昇したため国際問題化に発展。12年に及ぶ交渉の後1973年に調停に至り、アメリカ政府はメキシコに流れ込む河川水のTDSを73年以前の水準まで戻すことを承認しました。

　アメリカ政府は、まず汚染の最大の原因であるウエルトンーモハウク灌漑排水区から強制的に排出されていた汽水（海水と淡水が交じり合って生じる塩分の薄い水）排水を82kmに及ぶ専用排水路でカリフォルニア湾まで自然流下させる工事に取りかかり、78年に完成させました。次に、専用排水路の中間にあるユマ地点に逆浸透膜方式による脱塩のための水処理プラントを建設し、TDS約3000ppmの汽水地下水排水から塩分を除去し、淡水化を行いました。その結果、285ppmの淡水を月量当たり27万m³回収し、コロラド川に還元することに成功、水質問題と水量問題を同時に解決しました。

将来的な水資源問題

量的な面での問題

　世界の水使用量は、経済の発展、生活様式の変化等にともない、年々着実に増加していますが、今後も増加することが予想され、各地で水不足が懸念されています。

　国連の資料によると、今後の世界人口の増加にともなう、工業・農業活動の発展、生活様式の変化等により、水の使用量は2025年には49130億㎥／年と1995年に比べ約1.4倍にもなると予測されています（**表3**・36ページ参照）。アジア、アフリカ等の生活用水の使用量はヨーロッパ、北米等に比べ低く予測されていることなどから、これらの地域においては、2025年以降も、生活様式の変化などにより生活用水の使用量は引き続き上昇していく可能性が考えられます。

　また将来、水不足の状況下におかれると予測される人口の割合は、1995年には約1／3でしたが、2025年には約2／3になると報告されています。

質的な面での問題

　安全な水の供給を受けることのできない人々の数は、1994年で約11億人（WHOによる）、このままでは2025年には約20億人に至ると報告されています。（World Development Report 1992）

　仮に水の供給にともなう投資を今から30％増加させたとしても、安全な水の供給を受けることのできない人々の増加幅がやや小さくなるだけで、その人口は増加すると言われています。

表3　世界の地域別水需要量将来見通し（10億㎥、10万人、リットル／日・人）

地域	年	1995	2025	2025/1995
ヨーロッパ	生活用水	70	85	1.2
	工業用水	228	305	1.3
	農業用水	199	212	1.1
	合計	497	602	1.2
	人口	686	685	1.0
	一人当たり生活用水使用量	280	338	1.2
	一人当たり合計水使用量	1985	2406	1.2
北米	生活用水	71	89	1.3
	工業用水	266	306	1.2
	農業用水	315	399	1.3
	合計	652	794	1.2
	人口	455	595	1.3
	一人当たり生活用水使用量	425	408	1.0
	一人当たり合計水使用量	3924	3654	0.9
アフリカ	生活用水	17	60	3.5
	工業用水	10	19	2.0
	農業用水	134	175	1.3
	合計	161	254	1.6
	人口	743	1558	2.1
	一人当たり生活用水使用量	63	105	1.7
	一人当たり合計水使用量	593	446	0.8
アジア	生活用水	160	343	2.1
	工業用水	184	409	2.2
	農業用水	1741	2245	1.3
	合計	2085	2997	1.4
	人口	3332	4913	1.5
	一人当たり生活用水使用量	132	191	1.5
	一人当たり合計水使用量	1714	1671	1.0
南米	生活用水	33	65	2.0
	工業用水	19	57	3.0
	農業用水	100	112	1.1
	合計	152	233	1.5
	人口	326	494	1.5
	一人当たり生活用水使用量	274	358	1.3
	一人当たり合計水使用量	1273	1292	1.0
オーストラリアオセアニア	生活用水	3	5	1.4
	工業用水	7	10	1.4
	農業用水	16	19	1.2
	合計	26	33	1.3
	人口	30	39	1.3
	一人当たり生活用水使用量	305	326	1.1
	一人当たり合計水使用量	2407	2365	1.0
合計	生活用水	354	645	1.8
	工業用水	715	1106	1.5
	農業用水	2503	3162	1.3
	合計	3572	4913	1.4
	人口	5572	8284	1.5
	一人当たり生活用水使用量	174	213	1.2
	一人当たり合計水使用量	1756	1625	0.9

出典：Assessment of Water Resources and Water Availability in the World;Prof.I,A..Shiklomanov,1996（WHO発行）

世界の水資源

供給面からの問題 [15]

　水需要予測値と世界の主要河川の流域で利用可能な水量を比較した50年後の需要状況の評価（国立環境研、京大 2002）によれば、水需給は中国を除き、途上国などでも今以上に逼迫する恐れは少ないとされています。

　中国では上海・広州など中南部沿岸の産業活性化に加え、東北部の人口増加と工業化の急速な進展による水需要の増加が予測されています。一方両地域の水の主要供給源となる長江やアムール川流域では、地球温暖化の進展にともない降水量がそれほど増えないので水の需給がかなり逼迫すると予測されています。中でもとりわけ地下水の枯渇化が問題となり、農業生産に深刻な影響を与えることが危惧されています。

　インドでも、人口増加と経済発展にともない水需要は急増しますが、地球温暖化により中国とは異なり逆に降水量が増え、ガンジス川流域の淡水資源が増大するので水不足の危険度は低いとされています。

　またアマゾン川やオリノコ川、メコン川などでは十分な水供給が得られ、渇水の危険度は低いものと見られています。

　米国や西欧では水需要は減少し、水不足に陥る危険度は低いものの、ミシシッピ川は温暖化の影響を受けて水量変化が激しくなると言われています。

　日常生活を送るために必要な水の量は、通常、一人一日当たり50リットル程度と言われていますが、その水準を大幅に下回る国は約40か国あり、半分以上がアフリカの国々です。アフリカの水問題の多くは、安全な水を得るために不可欠な小規模な開発投資すら投下されない現実に起因し、多くの人々が

不衛生な水を飲まざるを得ない環境で苦しんでいます。

　上水の水使用量が、一人一日当たり30リットル以下の国はアフリカの国々に多く、中でもガンビア、マリ、ソマリア、モザンビーク、ウガンダなどは一人一日当たり10リットル以下となっています。

世界の水問題への取り組み

　世界の水問題への取り組みを歴史的に見てみると、1977年にアルゼンチンのマルデル・プラタで開催された国連主催の水会議で「1980年を国際"水供給と衛生の10年"とする」決定がなされました。次いで、水問題への国際的な取り組みの一大転機となったのは92年のアイルランドのダブリンでの「水と環境に関する国際会議」です。各国政府、国連機関、非政府組織（NGO）などの代表が集まり、水需給や水質汚染、洪水などの問題解決を目指す行動の必要性を打ち出しました。

　ダブリン会議で採択されたのは、次の4項目からなる「ダブリン原則（Dublin Principles）」です。

① 　淡水は、有限かつ脆弱な資源であり、生命の維持、開発、環境にとって不可欠である。
② 　水資源の開発と管理は、すべてのレベルの利用者、計画担当者、政策担当者を含む、参加型のアプローチに基づくべきである。
③ 　女性は、水の供給、管理、安全性の確保において中心的な役割を果たす。
④ 　水利用は、競合するほどに経済的価値を持ち、経済財

として認識されるべきである。

同（92）年、ブラジルのリオで開催された「地球サミット」において発表された『アジェンダ21』の中で"淡水資源の質および供給の保護"が表明されました。しかし地球温暖化防止が先に大きくクローズアップされ、水問題はその分、影が薄らいでしまいました。

その後、97年のモロッコのマラケシュでの第1回世界水フォーラム開催を経て、2000年にオランダのハーグで開催された第2回世界水フォーラムでは「世界水ビジョン」が発表され、総合的な水質管理、水に関する制度の整備、水への投資拡大などの重要性が指摘されています。

2002年、南アフリカのヨハネスブルクで開催された環境開発サミットでは「飲用水の利用が困難な人口を2015年までに半減する」との目標を実施計画に盛り込みました。

このような流れの中で、2003年3月に第3回世界水フォーラムが日本の京都、大阪、滋賀で開催されました。182の国や地域から約2万4000人が参加し、閣僚級国際会議では「国際社会は水問題解決のために官民協力して資金投入を進める」とする『閣僚宣言』を採択し、閉幕しました。

宣言では、ダムや上下水道整備などへの民間資金の積極的な投入を打ち出しましたが、世界のNGOの一部には「多国籍企業など開発推進派の意見が多く盛り込まれた偏った内容」との批判がありました。また、「水の商品化が進み、貧困層が水を手に入れられなくなる」など、NGOが反発している上下水道施設への民間資金の導入については、公的資金だけでは

国際目標の達成には足りないとして、これを積極的に進め、官民合わせて投資を倍増することを求めています。ただし、その際、貧困層にしわ寄せが及ばないように、行政が公益性を確保しつつ「官民パートナーシップ」制度を導入するとしています。

　外務省は世界水フォーラムの閣僚宣言を受けて、途上国への飲料水供給など、水に特化した無償資金協力制度の創設を盛り込んだ「日本水協力イニシアチブ」を発表しました。途上国で安全な飲料水や基本的な衛生を確保するための「水資源無償資金協力」として、2003年度予算案に160億円を計上したほか、今後5年間に現地で上下水道のプランナーやメンテナンスの能力を持つ人材1000名を育成する計画などが含まれています。

　表4に、水問題に関する世界の主な動きを示しました。

表4　水問題に関する世界の主な動き

1977年	・国連水会議（マルデル・プラタ）
92年	・水と環境に関する国際会議で「ダブリン宣言」採択 ・地球サミット（リオデジャネイロ）で「アジェンダ21」発表
96年	・世界水会議（WWC）設立
97年	・第1回世界水フォーラム開催（マラケシュ）
2000年	・第2回世界水フォーラム開催（ハーグ） ・国連総会で「ミレニアム宣言」発表　水問題を重要課題に位置づける
01年	・国際淡水会議開催（ボン）
02年	・地球サミット（ヨハネスブルク）
03年	・第3回世界水フォーラム開催（京都・大阪・滋賀）

わが国の水資源と水環境問題

わが国の水資源

わが国の水資源と使用量 [8]

　　わが国全体の年平均降水総量（年平均降水量に国土面積を乗じた値）は1990年値で6500億㎥。このうち2300億㎥は蒸発散（全国平均蒸発散量に国土面積を乗じた値）、残り4200億㎥が水資源としての最大限利用可能水量（専門用語では「賦存量」という）となります。その大半は海洋へ流出するため、水使用量は877億㎥となります。

　　用途別に示すと農業用水が579億㎥であり、利用後に河川や地下水に還元されるものも多くあります。生活用水は164億㎥、住宅・オフィス・ホテル・学校などで上水として使用された後、下水処理場などを経て海洋に達し、再循環します。工業用水は135億㎥が使用されますが、近年リサイクル率が向上（80％程度）しています。その他、養魚用水として55億㎥、消・流雪用水として10億㎥使用されていますが、循環しています。また、降雨の大半は梅雨と台風時にあるため、季節的に差が大きくなっています。

　　この中で使用量が増加しているのは生活用水であり、昭和50

年ころから60年代前半まではほぼ横ばいでしたが、昭和62年以降、生活様式の変化、景気の拡大などを背景に年4%の伸びを近年まで続けています。以上は平常時の値ですが、渇水年に当たると、水資源の最大限利用可能水量は2800億㎥に落ち込み、各地に水不足を生じさせます。

今後の水需要予測において重要なファクターである将来人口推計では、人口ピークは2006年に1億2774万人となり、その後、人口減に転じ2025年で1億2113万人、2050年では1億59万人に減少します。この値は1960年代に近いものであり、国全体の使用水量は明らかに減少しますが、全国で東京他4地域で人口増加が予測されていることから、大都市部では依然として水問題が懸念されると言えます。

輸入水量

一方、水消費は国内で行われている他に、世界から輸入される農産物をはじめ、工業製品、木材などの輸入を通じても水が消費されています。したがって通常、輸入と言えば水の輸入に他ならないのです。このような形態で輸入される水を仮想水と呼びます。

高橋裕の『地球の水が危ない』[11]によれば、農作物で493億㎥、畜産物で241億㎥、工業製品で10億㎥と報告＊されています。**図5**に、農産物による水輸入相当量を示しました。（＊図中の数字と異なるのは、農産物生産の換算値に差があることによる。）

さらに近年、水道水源の悪化にともない、水道水に対してカルキ臭やおいしさの低下、健康への不安などからミネラルウォーターを買い求めたり、水道の給水栓に浄水器を接続さ

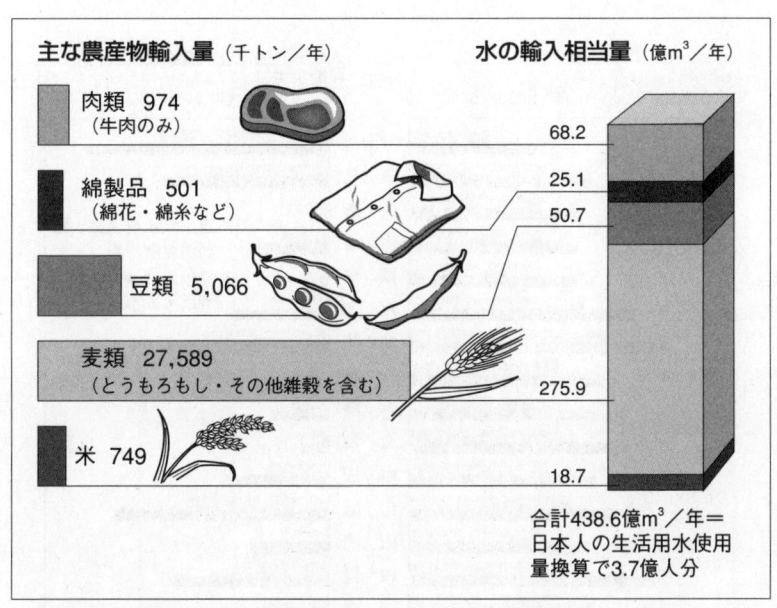

```
主な農産物輸入量 (千トン／年)        水の輸入相当量 (億m³／年)

肉類 974
  (牛肉のみ)                          68.2

綿製品 501
  (綿花・綿糸など)                    25.1
                                      50.7
豆類 5,066

麦類 27,589
  (とうもろこし・その他雑穀を含む)    275.9

米 749                                18.7

                    合計438.6億m³／年＝
                    日本人の生活用水使用
                    量換算で3.7億人分
```

図5　日本の農産物輸入による「水輸入相当量」
出典：第3回世界水フォーラム事務局資料より作成。農産物輸入量は98年度の値、農産物1トンの生産に必要な水の量を米は2500㎥、麦、豆類1000㎥、綿類5000㎥、肉類7000㎥と想定

せるなどの「生活防衛」現象が生じています。

　ミネラルウォーターの消費量の推移を見ると、1990年度で約20万キロリットル弱だったものが、99年度では約6倍の120万キロリットルに増大し、海外からの輸入比率も20%弱に増えています。これは、他の食料品と同様の傾向をたどっていると言えます。

地域別水資源と生活用水使用量

　地域別水資源最大限利用可能水量を**図6**に示します。（2000年値）

　次に、1975年～1999年間の生活用水の一人一日当たりの平均

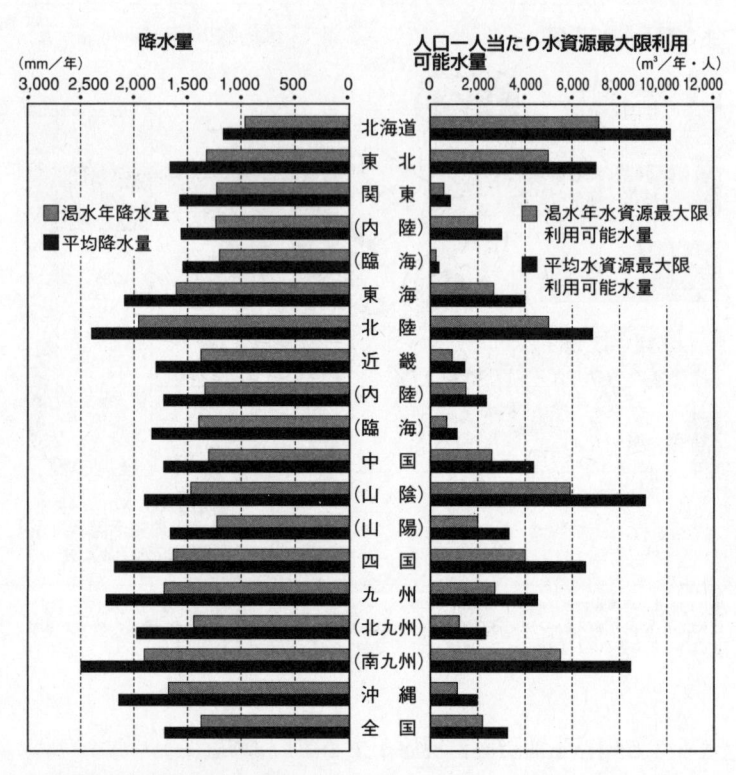

図6 地域別水資源最大限利用可能水量
1. 国土交通省水資源部調べおよび総務省統計局国勢調査（2000年）による。
2. 平均水資源最大限利用可能水量（賦存量）は、降水量から蒸発散によって失われる水量を引いたものに面積を乗じた値の平均を1971年から2000年までの30年間について地域別に集計した値である。
3. 渇水年水資源最大限利用可能水量は、1971年から2000年までの30年間の降水量の少ない方から数えて3番目の年における水資源最大限利用可能水量を地域別に集計した値である。
出典：『水資源便覧』（2002年度）、国土交通省

使用水量の地域別トレンドを見てみると、全国全ての地域で右肩上がりに使用水量が増加していることがわかります。

東京都における家庭の生活用水の使われ方の変化の例を**図7**に示してみましょう。1990年と98年を比較すると、炊事、トイレ、風呂の使用水量が増加した反面、洗濯の使用水量が減少しているのがわかります。これらは生活様式の変化、例えば1回当たり20リットルの水を使用する「朝シャン」や、水を流

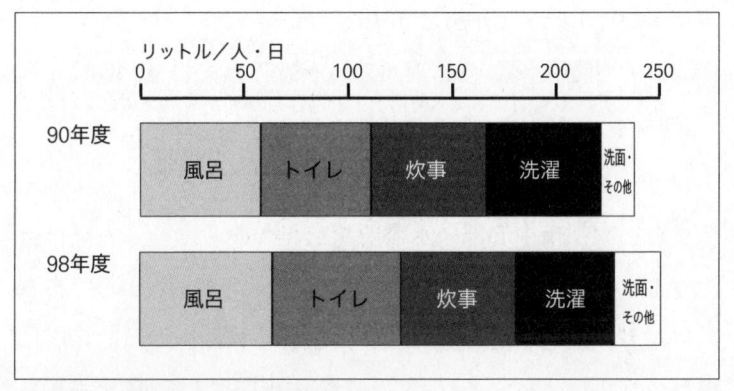

```
          リットル/人・日
          0    50    100    150    200    250
90年度        風呂  トイレ  炊事  洗濯  洗面・その他

98年度        風呂  トイレ  炊事  洗濯  洗面・その他
```

図7　家庭での水の使われ方の変化（東京都のケース）
出典：東京都水道局調べをもとに国土交通省作成

しっぱなしにしながら顔を洗ったり、食器を洗浄するなどにその原因があります。

大都市部の水需要例[6]

　大都市の水需要構造の変化を見るために、最近までのデータとして東京都区部・多摩28市町の用途別1日平均使用水量を見てみると、全使用水量は1973年に371.8万㎥/日だったものが、27年経った2000年には427.6万㎥/日と1.15倍増えて、ゆるやかにではあるが使用水量が増えていることがわかります。

　次に、同じく1973年から2000年までの用途別使用量を見てみると以下のようです。

① 　生活用水　216.7万㎥/日→297.9万㎥/日（1.37倍↑）
② 　都市・地域活動用水　130.4万㎥/日→121.1万㎥/日（0.92倍↓）
　　＊ちなみに最大であった1990年の137.4万㎥/日と最小であった2000年の121.1万㎥/日の比を取ると0.88倍となり、いずれにしても近年の経済活動

の低下を示していることがわかります

③　工場使用水量　24.7万㎥／日→8.6万㎥／日（0.348倍↓）
　＊全使用水量における工場使用水量の割合も6.6%から2.0%に低くなっています

　また、大都市中心部の水需要量を見てみると、一人一日当たりの水の需要量は、全国平均が219リットル／人・日であるのに対し、最も水需要量の多い東京都千代田区では約10倍に当たる2105リットル／人・日、大阪市東区でも約9倍に当たる1899リットル／人・日あり、大都市の中心部でいかに水使用が集中的に行われているかがわかります。その他の都市の中心部においても、やはり一人一日当たりの水需要量は全国平均の2倍から4倍と大きくなっています。

水環境問題の現状

　わが国の都市（人口集中地域）と農村（非人口集中地域）の一人当たりの年間水資源最大限利用可能水量は、都市で169㎥、農村で9320㎥となっています。都市部での年間水資源最大限利用可能水量169㎥という数値は、乾燥地域の国々（イスラエル、シリア、パキスタンなど）に比べても少ない数値です。さらに、東京23区（人口密度1万2828人／㎢）で見ても、一人当たりの年間水資源最大限利用可能水量は約78㎥に過ぎません。

　このような実態に加えて、近年の社会状態はさまざまな水環境問題を発生させています。次ページの図8は、現在整備されている上下水道システムがかかえる課題と水環境問題の関

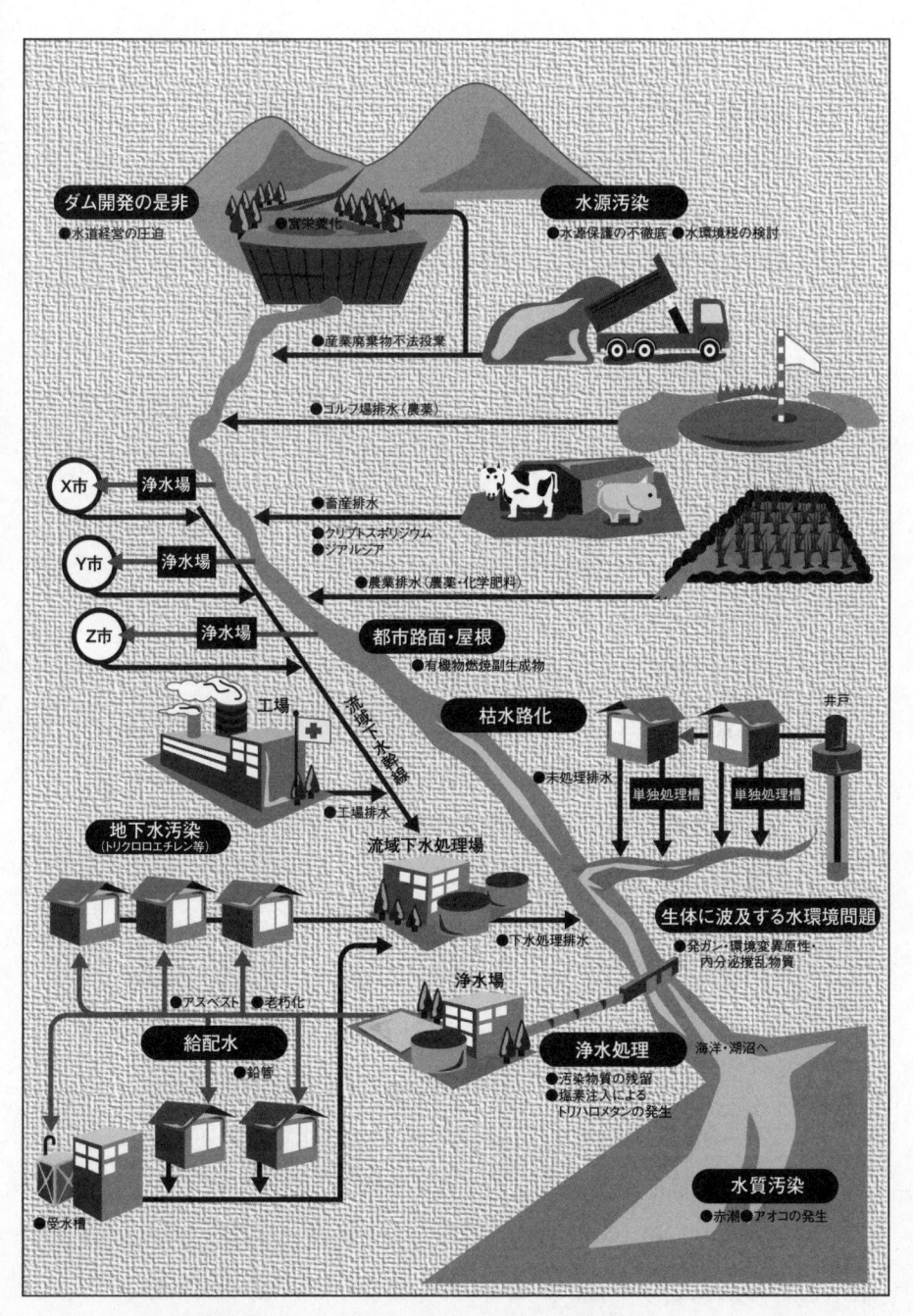

図8 在来型用排水システム（広域的水道をのぞく）の課題と水環境問題模式図
出典：谷口孚幸『都市水代謝デザイン』図1より引用

係を模式的に示したものですが、以下に説明します。

ダム水源の汚染 [6] [12]

　水源地帯は汚染を防ぐため、原則として立ち入り禁止とし、農業や畜産利用は行わない保全域として守られるべきことは周知の事実です。しかし、現実には畑作肥料や養鶏、養豚による廃水の流入がなされ、肥料や廃水に含まれる窒素・リン成分の増加により水源の富栄養化が生じています。その上、さらに産業廃棄物の不法投棄により有害物質の混入がなされ、その被害は増大しています。

　現在、全国約70の自治体が、産廃封じを実質目的として、飲み水を守る条例や要綱を制定しています。

　一方で、大都市の大気汚染物質がダム水源の汚染源になっている例が出現しています。首都圏の水がめを潤す利根川の上流域では、アオコの発生原因となる無機態窒素の濃度が高まっていることが最近判明しました。これは、都市の自動車排ガスが海風によって群馬県まで運ばれ、降雨・降雪として谷川岳などの利根川最源流部で水に溶けて、水質劣化の発生源になっていると推定されています。

　その濃度は、谷川岳の一ノ倉沢で無機態窒素の年間平均濃度が0.15mg／リットル～0.22mg／リットルで富栄養化が起こる濃度（0.15mg／リットル）を超えています。支流の鏑川（かぶら）と烏川（からす）でも、年間を通じて3～5mg／リットルが検出されています。

　首都圏から吹く海風が原因とされるのは、南西の長野県上田市や軽井沢町では、夏場の深夜になると地元に発生源がないのに光化学スモッグが発生しているからで、海風原因説の有力な根拠となっています。

河川水の汚染

　ダム水源の汚染と同様に河川水の汚染は、産業排水、畜産廃水、産廃不法投棄によるものに加え、全国2400か所に建設されているゴルフ場から流入する芝管理用農薬や殺菌剤などによるものや、し尿処理のみで生活排水の処理を行わない単独浄化槽からの汚水による河川水の汚染があります。また、都市路面・屋根から雨と一緒に河川に流入する自動車走行時に発した有機物燃焼副生成物、さらに上水道の浄水過程で発生する発ガン性物質のトリハロメタン、下水処理場処理排水に含まれている内分泌撹乱物質（環境ホルモン）などの流入により、従来型の上下水処理方式では飲用水源として利用できない河川が増えています。

地下水の汚染 [13] [11]

　水質のよい地域に進出したハイテク企業により、地下水がトリクロロエチレン（機械の洗浄、ドライクリーニング、消火剤などに使用する）等の有害物質により汚染されている例が多く見られます。さらに自然界にある有毒成分が地下の帯水層に流入・浸透して起こる汚染があります。

　そのひとつは、井戸水のヒ素汚染です。地下の岩盤や堆積物に含まれる無機ヒ素がしみ出て井戸水を汚染します。魚介類から検出されるヒ素に比べて約300倍も強いものです。海外の例ですが、最新の統計では、井戸水のヒ素汚染による被害（倦怠感、胃腸カタル、発ガン性肝・腎障害、皮膚発疹、手足の裏の黒化等の症状が出て、100mg／リットルでは重症となる）は、潜在患者を含めインドとバングラデシュで約4700万人、中国で約300万人に及ぶと報告されています。他のアジア地域や

中南米でも問題となっており、危険な飲料水の利用者の総数は1億人に達すると言われています。

バングラデシュでは、2000年から日本のNGO「雨水利用を進める全国市民の会」によって、ヒ素によって汚染されている地下水を使う代わりに雨水利用の促進が行われています。

もうひとつは、温泉水によるヒ素中毒です。温泉水に含まれているヒ素は、濃度、化学形態とも、世界で慢性中毒の原因となっているものと同様です。正しく検査されていない温泉水の慣習的な飲用はきわめて危険です。

ヒ素と同様に、自然界にあるフッ素による井戸水汚染も多くあり、1mg／リットルを超える濃度では、エナメル質が点状に溶ける斑状歯を生じ、さらには首と背中の骨を損傷します。中国北部では700万人、インド北西部では3000万人の人々が高濃度のフッ素を含む地下水を飲んでいると言われています。

海洋・湖沼の汚染

先述した都市活動の結果生ずる下水処理水の放流先となる海洋・湖沼には、下水処理場の二次処理までの工程で取り除かれなかった汚染物質の残留分や環境ホルモン、上水道の浄水過程の塩素の注入で発生する発ガン性物質トリハロメタンなどが放出されています。さらにまた高度処理をともなわない下水処理水から窒素、リンなどが十分に除去されないため、それが海洋・湖沼の富栄養化を招く原因ともなっています。

わが国全体の環境基準（生物化学的酸素要求量＝BODまたは化学的酸素要求量＝COD）の達成率は、1965年に河川（2514）は73.6％、湖沼（131）は42.0％だったものが、1986年以降も現在までほぼ横ばいに推移しており水質の改善は依然

として進んでいません。なお、海洋の環境基準はほぼ8％前後の達成率ですが、大阪湾、東京湾、伊勢湾などの閉鎖性海域では改善はなされていないというのが実情です。

水道水の汚染

　水道水は、浄水場で浄水処理を経て末端の家庭や事業所へ給水されています。その上水が、給水引き込み管や配水管に用いられている素材から溶出している成分によって、人体に有害な水質になっているケースが見受けられます。古い水道施設では、給水引き込み管に施工が楽な鉛管が、また配水管にはアスベスト管が用いられていました。現在、それらの配管材は無害な材質のものに徐々に更新されつつありますが、事業体によっては、まだ約50％も残っているところがあります。朝一番に水を使用する場合や数日間使用しなかった場合には、しばらく水道水を流出させてから使用するように留意すべきです。

水環境問題発生の原因分析[6]

　前節でわが国の水環境問題の現状を示しましたが、その問題の原因を分析してみます。環境問題の多くは、資源と土地が無限に存在していることを前提にした行政の水政策に端を発することが多く、さまざまな要因が複雑に絡み合い、問題解決を困難にしています。

　ここでは、原因を、
1. 利水の広域化による渇水危険度の増大
2. 水環境破壊の激化

3. 他水系地域との利害問題の発生

4. 都市計画の下位に位置した上下水道整備計画と行政上の基本問題

に分けて、原因の分析を行ってみましょう。

利水の広域化による渇水危険度増大の要因

　まず、1の問題として生じている渇水危険度の要因は、資源と土地が無限に存在しているとする拡大開放型の思想に基づく、

①　ダム・河川を取水源とした従来型水資源開発の限界の発生

②　水需要抑制策の不徹底

③　10年に一度の渇水基準を基にした渇水対策の不備

等があげられます。

　①に関しては、都市の膨張により自己水系内での開発に水量・水質ともに限界が生じ、さらに他水系を利用することにおいても、住民との間の利害調整に困難を来たしていることがあげられています。かつ、水資源開発にともなって生ずる水没者への補償費用に見られる環境対策費用の急増があり、今や水資源開発になんの制約も無かった時代に成立したスケールメリットが、存在しているとは言えなくなったのです。

　②に関しては、従来から都市・地域計画のプロセスにおいて、水資源の有限性と水環境の質をその制約条件としていなかったことがあげられます。今日、水資源が不足し、水環境の悪化が現実に生じ、または将来生じそうな大都市およびその周辺部においてさえ、人口転入増や水多消費産業の増大に対しては有効な対策がとられていなかったのです。

さらに水道料金に関しても、他のエネルギーに比較し、家庭収入の0.5〜0.7％程度と安く抑えられ、かつ水は需要に応じていくらでも供給するという基本姿勢が行政にあることが水需要の抑制に歯止めがきかない要因となっています。水不足が予想されるときには、行政側から節水のPR等が盛んに行われますが、その効果は一過性のもので、行政の基本姿勢が改まらないかぎり、「湯水のごとく使う」の言葉があるように、とかく豊富かつ低廉な水供給になじんできた市民の水使用の態度は、節水型へとスムーズに移行しにくいと言えます。

　③に関しては、10年に一度の渇水基準を設定しただけで、それ以上の異常渇水に対して備えることは、結果的には渇水基準を低くすることと同じ意味になり、備蓄ダム等の建設策は採用されず、全面的に市民にがまんを強いることになっています。

　しかし現状の用水供給体制では、水の供給は上質な水質を保証した上水道にのみ依存しており、渇水時には上水道の給水停止により一人一日当たり50リットル程度と言われている生活と生命維持飲用水等の必須用途水さえ供給が危惧され、生命の安全保障上、大きな問題があると言えます。

水環境破壊の激化の要因
　同じく2の自己水系内部の水環境破壊の激化の要因は、
① 広域的水道の建設
② 流域下水道の建設
③ 昔からの地域循環系の崩壊
④ 経済効率優先による環境保全対策の立ち遅れ
⑤ 市民の環境保全意識の欠如

等があげられます。

　①②③に関しては、巨大なダムと広域規模での上・下水道の建設により、河川からの大量の取水と下流における大量の下水処理水の放流が行われるようになりました。そのため中下流域の河川流量は枯渇し、本来の自然流量を保持しうる河川でなくなっています。

　木曽川を例に見てみると、平常時において河川は枯水路化し、レジャー用としての価値の低下を余儀なくされ、内水面の水産業が衰退し、水質も一層悪化したため中下流域での取水は困難なものとなっています。さらに高度処理を伴わない流域下水道が普及したことにより、下水処理水の放流先となる河口や内湾・湖沼では、窒素、リン等を含む廃水処理水が増大しています。そのために富栄養化が起こりアオコや赤潮が発生し、周辺水環境が悪化して水産業への多大な被害を引き起こしています。

　④に関しては、経済効率の偏重から、大量の工場廃水を流域下水道に放流する計画が各地でなされました。その結果、排水中に重金属類が必然的に混入し、下水処理後に発生する汚泥にも重金属が含まれ、その再利用の可能性をも失わせている等の問題が生じています。

　⑤の市民の環境意識の欠如は、水利用の例で示すと水のムダ使いと合成洗剤の使用等に見られます。中でも後者は、生態系へ深刻な影響を及ぼす元凶となっています。ちなみに、わが国の合成洗剤の総生産量は1986年98万トン、その中で洗濯用合成洗剤の生産量は68万トンにも上り、石鹸の総生産量18万トン、その中で洗濯用石鹸の生産量を占める5万トンに比べ、

それぞれじつに5.44倍、13.6倍にも達しています。

他水系地域との利害問題発生の要因

次に3の他水系地域との間で利害問題が発生する要因は、

① ダム建設による水没者への損失補償の考え方の未熟さ

② 開発利益の還元方式の未熟さ

が、あげられます。

これらに関しては、近年水源地を持つ上流側と利用者である下流側との間で、人々の交流や負担金のあり方をめぐって従来とは異なった変化が見られます。次章にて紹介します。

上下水道整備計画と行政上の基本問題

現在の上下水道整備計画は、都市・地域の水需要に応じて、必要なだけの水量を確保すべきであり、またそれに見合う水資源は常に存在する、という前提で考えられた水道法に従ったものです。

しかも上下水道整備計画は、都市・地域計画の下位に位置しており、水問題は行政上の計画プロセスの段階からすでに発生しているように思われます。つまり上下水道整備計画においては、都市・地域計画を上位計画とし、水需要量の推定は計画人口、世帯数、産業出荷額、事業所数等を指標に、将来の水使用原単位想定値を乗じて推定された値に基づいてはじめて水資源が開発され、上下水道整備計画は上記の値に追従するような形で立案されているのです。

そのため、都市・地域の人口の増加や産業の発達が著しく、自己水系内の水資源最大限利用可能水量が水需要予測値より少なくなった場合には、他水系にまで水源を拡大しようと考えざるを得なくなってしまうのです。

水資源の
新たな開発と保全

　水資源が不足する都市・地域では、従来型の河川や地下水に頼った開発が限界に近づくに当たり、節水、下水処理水の循環再利用（雑用水道）、雨水利用、海水・汽水の淡水化などの方式が新たに期待されています。一方、水資源の根源としての水源林やダムに関して、その適切な保全を従来型の建設を目標とするハード偏重のものから、水源地の環境保全や地域活性化などのソフト再考へと目が向くような流れが出てきています。ここでは、それらの新しい方向性を探ってみましょう。

節水

　水需要を抑える手法としては、ライフスタイルを変えることや、節水器具を用いることが考えられます。ライフスタイルを変更するものには、水道水のたれ流しの禁止、風呂水を洗濯水や散水・打ち水へ利用することなどがあります。節水器具を用いて水需要を抑えるには、①節水コマ、②節水便器、③ワンタッチ・コックなどの節水器具を、水を利用する全ての人が日常的に積極的に導入するようにします。

　節水の方法は誰にでもできる常識的なことばかりですが、

きちんと行うと、その効果はかなり大きく、嶋津の『水問題原論』[7]の家庭における15年間の実践によれば、当初230リットル／日・人の使用水量が、2年間で30％減少、7年目で120リットル／日・人を下回り、それ以降は115～130リットル／日・人の範囲にあり、削減率は40％にもなっていると報告されています。

　東京都を例とした嶋津の試算では、今までの節水効果を15％とし、さらに15％の家庭用水の削減をすると、その量は約50万㎥／日となります。さらに雨水の地下浸透の徹底による地下水利用の拡大で100万㎥／日、多摩川が下水処理場の高度排水処理水の放流で水質浄化が達成されれば、玉川浄水場を再開することができ18万㎥／日（玉川浄水場の保有する水利権。玉川浄水場は、1970年から河川水質悪化のため浄水場としての機能を停止している）が加えられるので、約170万㎥／日の自己水源が生じると報告されています。この水量は、東京都が保有する利根川河口堰の水利権（121万㎥／日）を大幅に上回ります。

　このように、節水や雨水の地下浸透の徹底による地下水の涵養、下水処理場の高度排水処理水の河川への放流策は、新たな自己水源を生みだすことにつながるので大きな効果が期待されています。

① 節水コマ

　水道の給水栓（胴長水栓）の中に取り付け、流量をコントロールするもので、節水パッキンとも呼ばれます。開度が通常用いられる90°～180°程度の範囲では、流量が1／2～1／3

に減少します。例えば、口径13ミリの一般的な給水栓を90°開度で1分間使用すると12リットル吐水しますが、節水コマを装着した場合には6リットルになります。手洗い、洗面時には、この程度の吐水量で十分用が足ります。

② 節水便器

近年使用の多いサイフォンジェット方式大便器は、使用水量が大きく（13～20リットル／回）、一般のフラッシュバルブ付き大便器の通常使用水流は15リットル／回です。節水型は8リットル／回、さらに超節水型は6リットル／回に設定されているもので、便器の形状がこの水量でも十分に汚物が流出するように工夫されています。

また、大用・小用の切り替えレバーが付いているロータンク式便器はきちんと利用すると、むしろ節水型と言えます。ロータンクの中にビールびんやレンガを複数入れたり、ボールタップの棒を少し下げて使用水量を減少させますが、この方法でも十分汚物を流し出せます。ある試算によれば、一般家庭では超節水型便器の導入で年間3500円／戸程度の節約になると言われています。

③ ワンタッチ・コック

炊事用・洗面用水栓として用いられるもので、蛇口を上下または左右に動かせば少量の水が出ます。

④ 水中ポンプ（家庭用）

風呂の残り水をくみ上げるポンプで、洗濯用水や散水に用います。

⑤ ハンド・バルブ

ホースの先に付ける取っ手の付いた給水弁。握れば吐水し、

放すと止まります。

　⑥　節水型電気洗濯機

　従来の流し放しのスタイルの電気洗濯機では240リットル／回の水が消費されますが、節水型の洗濯機では約半分の水で済みます。また、近年汚れの少ない洗い物には超音波やイオンを用いた洗剤のいらない製品が開発され、水質汚染防止に寄与するものとして期待されています。

排水再利用 [1]

　雑用水は、下水排水を高度処理してつくられます。この雑用水を水洗トイレ、噴水、洗車などに利用する雑用水道は、一般のオフィスビルで上水を使った場合の水の使用量に比べ20～50％程節約することができます。この方式は、規模によって個別循環方式、地区循環方式、広域循環方式に区分されています。東京都では、個別・地区循環方式は延べ床面積3万m^2以上、または雑用水量100m^3／日以上の建物を対象とし、導入を義務づけています。

　実施例としては、前者においては北青山ビルディングが最初のもので、その後、旧日本テレビ本社ビル、三井物産本社ビル等多数あります。後者のわが国実施例の第1号は旧住都公団の芝山団地（千葉県船橋市）です。規模は開発面積54ヘクタール、住戸2200戸のうち雑用水の供給は880戸を対象とし1977年に稼動しましたが、周辺のインフラ整備が進み、都市下水道が完備したことから数年後に廃止されます。都心の例としては、東京都新宿副都心（都庁移転後、新都心と呼ばれる）

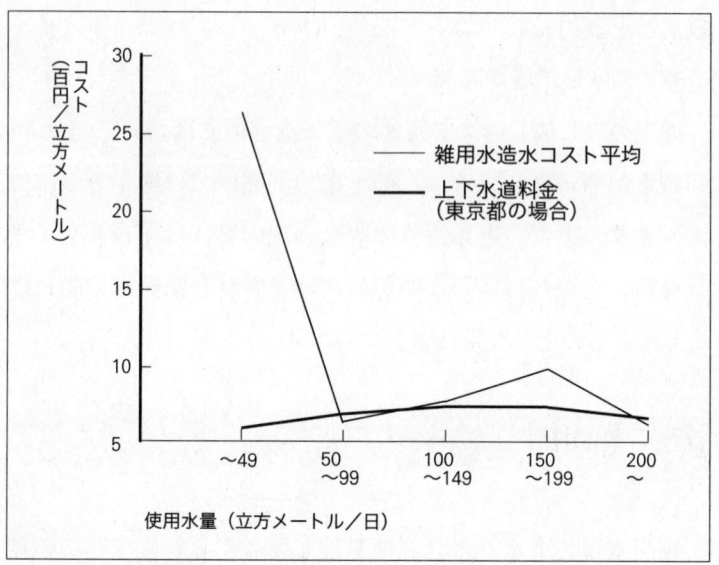

図9　雑用水の造水コスト
出典：『日本の水資源』(2001年版) 国土交通省

の24の建物に落合下水処理場から雑用水が送水されている例があります。[11] この事業は、「東京都新宿副都心再生水利用下水道事業」と呼ばれ、計画利用水量8000㎥／日のうち2700㎥／日が新都心地区のヒルトンホテル地下4階にある東京都・水リサイクルセンターに送水され、塩素による消毒後、80ヘクタールの地域内の建物へと供給され、主に水洗トイレ用水として用いられています。この雑用水の価格は260円／㎥です（1998年4月現在）。

　落合下水処理場で造水された雑用水は、神田川の他に1995年には8〜14km離れた渋谷川・古川・目黒川・呑川へ約8万600㎥／日供給されています。神田川の例では、河川流量の96%が雑用水で占められた結果河川水の水質が向上し、アユが戻ってきたと報告されています。東京都内で下水処理水を再

利用しているのは新設の大型ビルに限られ、ビル単独、または複数のビルで下水を処理して循環利用する方式がとられています。雑用水道の使用量は合計で3万㎥／日程度であり、都全体の水道配水量の約0.6%に相当します。参考までに**図9**に雑用水の造水コストを上下水道料金と対比させましたが、雑用水の造水コストは機械設備（プラント）の規模が大きくなると、上下水道料金に接近することが読み取れます。

雨水利用

雑用水への利用

　雨水の確保は天候に左右されることから、従来一部の例を除いて雨水利用はあまり行われていませんでした。しかしながら、近年水資源利用可能水量の少ない都市部では、貴重な水資源として再評価されています。

　わが国の雨水利用は、一般に雑用水として利用されており、本格的な雨水の利用は1985年に東京都墨田区の両国国技館に採用されたのが始まりです。8000㎡の屋根面を利用して雨水を貯め、トイレ・空調用冷却水の補給用として活用、雑用水の80%分をまかなっています。墨田区では、地震などの災害や水不足に備え「まちに小さなダムを」の取り組みを進め、区役所など60を超える施設から一般家庭まで各所に備えた貯水槽に雨水を貯め、防火用水、トイレ用水や冷房用冷却水、植物への散水などの雑用水として有効利用しています。この貯水槽は、「天水尊」「露路尊」と命名され、前者は家庭用で容量200リットル～500リットル、200か所程度設置され、設置に対して平成

7年から区の助成金が付いています。後者は18基あり、容量は2000リットル～30000リットル、町会が土地を寄付し区が設置しているものです。

その他、東京都の大型雨水利用施設としては、1988年に完成した文京区の東京ドームがあります。屋根面積の半分の1400m^2の広さを利用し、1000m^3の貯水槽に雨水を導いて雑用水として利用しています。

雨水利用は、下水や産業廃水などの再生利用に比べ処理施設が小規模（沈砂・濾過・滅菌等を組み合わせたものが多い）で、維持管理も比較的容易であることが特長です。全国の雑用水利用施設は現在3400か所にのぼり、50の自治体が推進しています。水洗トイレ用水などの雑用水に雨水が利用され、その水量は1999年度で年間700万m^3と推計されています。

雨水地下浸透工法 [15]

雨水を地表または地表近くの土中に分散・浸透させる工法で、地区外への雨水流出を最小限に抑えるとともに、地下水の保全を行うものです。1981年に旧住都公団の東京・昭島つつじヶ丘団地に採用されたのが第1号で、現在全国250か所の住宅団地で実施されています。

都市の地下ダム

雨水利用をさらに強化していく策として、地下ダムがあります。屋根面を利用した方式に加え、道路や緑地に降った雨水も利用する方式であり、路面は透水性のよい多孔質の素材による舗装がなされています。地中に浸透した雨水は公園、学校グランド、河川の河床下などの地下空間に設置された大きな貯水槽（地下ダム）にストックされ、土砂などを沈殿さ

せた後、雑用水として活用します。

　この地下ダムは、下水道の整備が遅れている地域や河川容量が小さな河川への雨水の流出に時間差をもたらし、洪水を制御する機能も持っています。このような例として東京都の環状7号線の地下には、神田川・目黒川・石神井川・白子川の4河川であふれた水を受け入れ、一時貯溜し、東京湾へ放流する巨大な貯溜管が建設されています。その規模は最大直径が12.5m、長さ数キロメートルに及ぶもので第1期目の2000mがすでに完成し、現在は2期目の2500mが着工されています。

飲用水への利用

　オーストラリアのタスマニアでは、雨水が貯水漕に貯め置かれ、ペットボトルに詰められ飲用水として販売されています。雨水が飲用になるほど清浄なのは、タスマニアの周辺は海洋に囲まれ、大気が汚染されていない良好な状況に保たれていることによります。

雨水貯留による作物の自作

　アフリカでは当初、NGOの協力のもとに雨水を自宅の屋根で捕らえタンクに貯留し、飲用に供していました。そして次の試みとして、貯留タンクの容量を拡大し、農作物の栽培用に活用しだしました。その結果、野菜・穀物などの自作に成功し、住民の定住率が向上したという例が出ています。

その他

　雨水を飲用水として利用することに関しては、保健衛生上の問題点の指摘もありますが、その対策の一例として、発展途上国を支援する団体で開発され供用されつつあり、次のような工夫も考えられています。すなわち、屋根面にパイプに

よってつながれた複数のペットボトルを設置し、その中に雨水を通し太陽熱で加熱殺菌して、飲用水として利用する方法です。2003年の第3回世界水フォーラムで発表され、その保健衛生上の効果を疑問視する質問もありましたが、一般的な雑菌ならば、ほぼ死滅させうると回答されていました。

海水・汽水の淡水化、その他

　海水・汽水の淡水化を行う上で、実用性と経済性ですぐれているのが膜分離と呼ばれる技術です。膜分離技術が水処理に適用される場合、逆浸透膜（RO）、限外ろ過膜（UF）、精密ろ過膜（MF）による3つのタイプに分けられます。水に溶けている物質の分子または粒子の大きさによって分けられ、逆浸透膜は水・塩素・ナトリウムに、限外ろ過膜はウィルスに、精密ろ過膜はバクテリア、細菌類の除去に適用されます。

　近年、高い透過流速と塩排除性を有する複合膜が開発され、省エネルギーによる脱塩が可能となりました。その結果、飲料水用の海水・汽水の淡水化のみならず、工業用の脱塩、排水の再生利用までが、ほぼ低コストで実施できるようになりつつあります。

　油田地帯を控えたほとんどの湾岸諸国では、海水の淡水化の方式が逆浸透膜方式に移行していますが、これは主に先述したように造水コストが1.5〜1.0米ドル／㎥に下がったことによります。[10]

　わが国でも、福岡市で造水量5万㎥／日のプラントを建設中で、このプラント建設による海水の淡水化事業で15万人分

の上水を供給することが可能となり、2005年の水供用を目指しています。また、沖縄では1997年に本島中部の北谷町(チャタン)に県企業局海水淡水化センターが完成し、通常5000㎥／日、最大4万㎥／日の淡水を造水し、那覇市など周辺7市町村へ送水しています。この淡水化センターの完成により、沖縄が本土復帰（1972年）以来31年間で14回にわたり計1130日の給水制限が生じていた給水事情が一挙に好転し、現在では給水制限なしとなりました。

　一方、海水・汽水の淡水化の過程で二次的に排出される濃縮海水の活用化にもめどがつき、地元の北谷町商工会が中心となって製塩会社を設立し、濃縮海水から自然海塩をつくって売り出す計画を推進中です。自然海塩は、他の精製塩に比べミネラル分が15％多く、ナトリウム含有量が少ないという特徴があります。海水淡水化の造水コストは170円／㎥で水道水の97円／㎥に対し1.7倍になっていますが、濃縮海水が活用されれば、造水コストの実質的な軽減化が図れます。[12]

　このように海水・汽水の淡水化が進む一方で、淡水資源に恵まれた国々から周辺の水資源困窮国に淡水を輸出するプロジェクトがあります。その中でも、とりわけタンカー方式による淡水海上輸送やバッグ式（袋詰めによる）海上輸送が注目されています。しかし水資源困窮国である湾岸諸国では、海水淡水化プラントのほとんどが逆浸透膜方式へ切り換わり造水コストが下がったことから、これらの輸送プロジェクトは一部の国を除きいずれも実現が困難になると見られています。それにもまして自国の安全保障の観点から、国民生活の基盤となる飲料水供給を他国に頼るよりは、水資源を自国で

開発して管理するという考え方が主流であり、淡水輸出のプロジェクトには難点があると言えそうです。

水源の保全と健全な水循環の回復

緑のダム——森林の水資源涵養機能 14)

　森林が水循環に及ぼす影響を一言で表せば、「森林は、主に土壌や下草の働きにより洪水を緩和し、流量を安定させるが、樹冠の蒸発散作用により大量の水を消費する」ということになります。したがって、森林は、湿潤地域では前者の洪水緩和、流量調節機能が人々の暮しに役立ちますが、半乾燥地や乾燥地では後者の作用によって逆に大切な水資源を減してしまいます。

　日本でも、森林は相当の水を消費しています。しかし日本は雨が多く、その意味で森林が水資源を枯渇させることはありません。ただ急峻な山国であるため、河川の流れは速く、また貯水ダムの容量も大きくないので、水源地に大雨が降り洪水が発生すると、ほとんどのダムが洪水流量を全量貯水することができず、大切な水資源を海へ流出させています。しかし森林がなければ、洪水はもっと頻繁に起こり、洪水後の河川流量も急激に逓減してしまうでしょう。それゆえ、日本では昔から植林を推し進め森林を育て、森林に水の流出を遅らせて洪水を緩和し、水の利用機会を長引かせる機能（緑のダムの機能）を持たせてきました。それに、なによりも森林は、急峻な山の表面の侵食防止や表層崩壊防止の効果が絶大で、山を守るにはなくてはならないものです。

森林は水資源の保全に役立つばかりでなく、そこからとれる木材は、バイオマスエネルギーに利用できるなど、21世紀の循環型社会の構築に貢献できる可能性が高まってきています。そのため、水源涵養林の管理においても、急な山腹斜面での人工林の複層林化、天然林化とともに、緩斜面における木材生産の活性化が「水と森林の総合管理」の一つとして浮かび上がっています。

　日本では、森林面積25万km²のうち、約8万5000km²が保安林に指定され、そのうち68％が水源涵養林として管理されています。

水源地対策の新しい動き [12) 15)]

　快適な都市生活を支える水資源が安定供給されているのは、上流に建設されたダムや水源涵養林のおかげです。東京都民の使う水の約7割は埼玉県・群馬県など他県の水資源に依存しています。水源地域では、ダム建設にともなう水没地域住民に対する損失補償や生活環境、産業基盤整備などの対策は講じられましたが、どちらかと言えばそれらの対策はダム建設の促進を目的としたハード偏重の一時的な対策となっていました。

　しかしダムの完成後、水源地では人口の過疎化と高齢化が急速に進み、地域社会の活力が低下し、また林業の経営不振や後継者難により森林の荒廃が進んでいます。それゆえ水源地の環境保全や地域活性化には、下流受益者の理解と協力が欠かせなくなっています。例えば、流域の自治体が協力して水源地域対策基金を設けて、水没地域の生活再建や地域振興に対する資金援助が行われたり、群馬県と東京都では1998年か

ら毎年、上流と下流で交流イベントを行うなど、同様の取り組みが全国各地にも広がり大きな動きとなっています。その一部を以下に示します。

- 愛知県・豊川・矢作川の水源基金：上流での水源林整備資金の援助
- 神奈川県の水道料金に1円／㎥の上乗せ基金：丹沢山地の広葉樹林整備・水源林の取得費用
- 福岡県の水道水源涵養事業基金：筑後川流域の17市町村の上下流交流活動への助成金の交付
- 奥利根水源憲章の判定準備：水上町の八木沢ダムや奈良俣ダム湖周辺

さらに水源林を守るために新税の検討が各地で行われています。北海道・青森・岩手・秋田では、自然循環型税制研究会を2002年に発足させたほか、四国各県が水源税を検討しているなど全国24都道府県でさまざまな動きがあります。

その一つが、高知県の森林環境税です。法定外目的税として500円／人を徴収し、年間1.4億円を人工林の回復、ボランティアの呼びかけに利用するために、2003年3月に制定されています。

政府が1998年3月に閣議決定した「二十一世紀の国土のグランドデザイン」は流域圏という考え方を打ち出しています。国土の持続的な利用と健全な水循環を回復するため、流域圏ごとの歴史的風土を踏まえた、河川・森林・農業用地などの国土整備の総合的展開を提唱しています。1999年の河川審議会

答申でも、国土管理に水循環の概念を取り入れること、河川・流域・社会が一体となった取り組みの重要性を指摘しています。

　産業・社会構造の変化に対応し、水資源の配分や土地利用のあり方は効率的で環境負荷の少ない方向に変える必要に迫られていますが、その一方では用途別に所管が分かれた縦割り行政の既得権益が大きな壁となっています。その解決には、環境基本法や土地基本法に相当する「水基本法」を制定し、水に関して流域圏をベースに国と地方、行政と民間、供給者と利用者の役割分担を明確に位置づけるべきではないかという意見があります。

おわりに

　本書の執筆の前後、幸運にも二度、水に関する国際会議に出席する機会を得ました。

　一つは、2002年4月、メルボルンにおいて開催された第3回国際水協会（IWA）世界会議であり、そこでは欧州の巨大なウォータービジネスの世界戦略の実際のすごさを見せつけられました。コンベンション、エキジビション、そして懇親パーティの運営が全て巨大資本の影響の下にあり、絢爛豪華でお金のかかったものでした。まさに水の経済戦争の口火が切られた感がしました。

　もう一つは、2003年3月、京都をメイン会場として開催された第3回世界水フォーラムです。水に関するさまざまな問題が、多数の国家・地域の人々によって報告され、討議されましたが、注目されたものの一つに、巨大資本の水道民営化への進出に対する開発途上国NGOからの反発があります。その反対の理由として、ウルグアイの例では民営化は水道料金を上昇させ、サービスを受ける側に不公平が生じること。また、水質管理の不備によって疾病（コレラ）が発生したことがあげられていました。現在、世界の水道民営化率は5％ほどですが、そのあり方は今後わが国をはじめ、世界の各国（とくに開発途上国）にとって大変重大な問題になると懸念されます。

また、2003年5月には、本書でも触れた井戸水によるヒ素中毒が茨城県で実際に発生し、汚染源はいまだ特定されず、住民の不安と健康障害は解消されていません。水をめぐる問題は、このように国際的スケールから個々人の健康レベルまで幅広く存在します。以上からも、世界の人々が安価に健康で安全な生活を享受できる水のインフラシステムが整備されることを心から願う次第です。

　最後に終始、ご指導とご鞭撻を賜った三橋規宏千葉商科大学教授に謝意を表し、御礼に代えます。

平成15年葉月

谷口孚幸

参考・引用文献

1) 高橋裕・河田恵昭編『地球環境学7　水循環と流域環境』岩波書店、1998.9、P.45、PP.230〜231、PP.263〜264、引用・要約
2) 日本建築学会編『建築と水のレイアウト』彰国社、1984.4、P.15、引用
3) 丹保憲仁『新体系土木工学88　上水道』技報堂出版、1980.9、PP.36〜37、引用・要約
4) 武田育郎『水と水質環境の基礎知識』オーム社、2001.11、P.7、P.44、PP.46〜59、引用・要約
5) 小林勇『恐るべき水汚染』合同出版、1989.9、PP.40〜42、引用・要約
6) 谷口孚幸『都市水代謝デザイン』理工図書、2002.6、図-1、P.212、P.215、P.229、引用
7) 嶋津暉之『水問題原論　増補版』北斗出版、1999.10　PP.87〜88、P.107、P.279、引用・要約
8) 『水資源便覧』（平成14年度）国土交通省
9) 『ワールドウォッチ』「日経エコロジー」2003.4、PP.60〜63、引用・要約
10) 村上雅博『水の世紀』日本経済評論社、2003.3.20、PP.97〜98、PP.135〜136、PP.167〜168、引用・要約
11) 高橋裕『地球の水が危ない』岩波新書、2003.2、PP.29〜34、PP.69〜70、PP.108〜109、引用・要約
12) 『水再考』No.40、41、産経新聞
13) 山内博『私の視点』朝日新聞、2003.3.25、引用・要約・加筆
14) 太田猛彦『水と森林を考える』「水道公論」vol.39、No.3、2003、P.45、引用・要約
15) ゼミナール「水の時代が来た」No.1、3、6、18、22、26、29、30、34、日本経済新聞（朝刊）、2002.11〜12、引用・要約
16) ビョルン・ロンボルグ『環境危機をあおってはいけない　地球環境のホントの実態』文藝春秋、2003.6、PP.259〜260
17) 国連『世界水発展報告書　人類のための水、生命のための水概要』P17、表2、引用
18) 本吉庸浩『迫りくる水危機』時事問題解説No.278、教育社、1978.8、PP.22〜23、引用・要約